河南省“十二五”普通高等教育规划教材

应用数学（第二版·下册）

主　编　孙振营　徐自立

副主编　焦慧平　梁银双

内 容 提 要

本套教材分为上、下两册。应用数学（第二版·上册）涵盖了函数与极限、一元函数微分学及其应用、一元函数积分学及其应用、常微分方程等内容。应用数学（第二版·下册）涵盖了向量与空间解析几何、多元函数微积分学、无穷级数、数学软件包等内容。书后附有初等数学常用公式、节后练习题、章后总习题参考答案及提示供读者参考。

本套教材适用于高职高专院校、成人高校工科类及经管类各专业，也可作为相关技术人员和其他大专类学生学习的教材或参考书。

本书配有电子教案，读者可以从中国水利水电出版社网站和万水书苑上下载，网址为：http://www.waterpub.com.cn/softdown/和http://www.wsbookshow.com。

图书在版编目（CIP）数据

应用数学. 下册 / 孙振营，徐自立主编. -- 2版. -- 北京 : 中国水利水电出版社，2015.8（2018.8重印）
河南省“十二五”普通高等教育规划教材
ISBN 978-7-5170-3621-0

Ⅰ. ①应… Ⅱ. ①孙… ②徐… Ⅲ. ①应用数学－高等职业教育－教材 Ⅳ. ①029

中国版本图书馆CIP数据核字(2015)第210782号

策划编辑：石永峰　向辉　责任编辑：张玉玲　加工编辑：郑秀芹　封面设计：李佳

书　　名	河南省“十二五”普通高等教育规划教材 应用数学（第二版·下册）
作　　者	主　编　孙振营　徐自立 副主编　焦慧平　梁银双
出版发行	中国水利水电出版社 （北京市海淀区玉渊潭南路 1 号 D 座　100038） 网址：www.waterpub.com.cn E-mail：mchannel@263.net（万水） sales@waterpub.com.cn 电话：（010）68367658（发行部）、82562819（万水）
经　　售	北京科水图书销售中心（零售） 电话：（010）88383994、63202643、68545874 全国各地新华书店和相关出版物销售网点
排　　版	北京万水电子信息有限公司
印　　刷	三河航远印刷有限公司
规　　格	170mm×227mm　16 开本　10.25 印张　200 千字
版　　次	2011 年 2 月第 1 版　2011 年 2 月第 1 次印刷 2015 年 8 月第 2 版　2018 年 8 月第 3 次印刷
印　　数	5001—7000 册
定　　价	20.00 元

前　言

数学能启迪人们思维、推进科学纵深发展。很少人能认识到当今被过多称颂的“高技术”本质上是数学技术，数学化是诸多领域和项目背后的推动力。但由于数学的深刻性、抽象性和严谨性等学科特点，造成学生在学习过程中有很多困难。

因此，为了更好更轻松地学习和应用数学，也为了更好地适应当前我国高等教育的发展、满足社会对高校应用型人才培养的各类要求、贯彻教育部组织制定的高职高专教育基础课程教育基本要求的核心思想，在认真总结高职高专高等数学教学改革经验的基础上，结合编者的教学实践经验和同类教材发展趋势编写了此书。本套教材在 2013 年入选了第一批河南省“十二五”普通高等教育规划教材，2015 年修订后通过评审委员会验收。

本书遵循高职高专教育的教学规律，本着重能力、重素质、求创新的总体思路，强化概念，淡化严格论证，注重应用，充分体现“以应用为目的，以必需够用为度”的原则。编写内容侧重对学生数学思维能力的培养，注意其中问题的提出、引入，具有结构严谨、逻辑清晰、叙述得当、题量适中、便于自学等特点，全书通俗易懂、简明扼要，具有科普特色。

本套书有以下特点：

（1）相对于传统的高等数学内容，在兼顾内容完整性的基础上本教材对各章内容进行了适当的增删与修改，突出直观性和应用性。对难度较大的部分基础理论，考虑到教学目标和学生学习的特点，一般不做论证和推导，只叙述定理，做简单说明。

（2）为了更贴近社会、贴近生活、贴近应用，本书精选了社会活动、物理工程和经济管理方面的典型例题或案例，进一步强调本学科的实际应用，激发学生的学习兴趣。

（3）加强对基本概念、理论的理解和应用，借助几何图形和实际问题强化了概念和定理的直观性，将常用公式及方法汇总成表格的形式，以便对照记忆和查阅，注重与中学知识的衔接，培养学生的逻辑思维能力。

（4）注重基本运算技能的训练，但不过分追求复杂的计算和变换技巧。每节都配有针对性较强但难度不大的练习题，每章最后又都配有比较综合的复习题，以提高读者对所学知识的综合运用能力和解决实际问题的能力。

（5）为了突出重点、解释难点，在相应的地方给出了相应的注释。

（6）每章前列有学习目标，及时指出知识的要点和大纲要求，使读者提前了解各章内容，便于自学和把握本章的重点和难点。

（7）为了培养学生运用计算机进行数学运算的兴趣和能力，在本套书的最后一章特别编写了数学软件包 Matlab 这部分知识。

本套书分为上、下两册，参考学时为 144 学时，教师在使用本套书时可根据教学实际需求灵活掌握。

下册书由孙振营、徐自立任主编，焦慧平、梁银双任副主编。编写分工如下：第八章、附录及参考答案由孙振营编写；第九、十章由徐自立编写；第十一章的第 3～5 节、第十二章由焦慧平编写。第十一章的第 1～2 节由梁银双编写。全书框架结构安排、统稿和定稿由孙振营承担。

由于编者水平有限，书中疏漏之处在所难免，敬请读者批评指正。

编 者

2015 年 5 月

目　　录

第 8 章　向量代数与空间解析几何

【学习目标】

- 理解空间直角坐标系的概念，掌握两点间距离公式，理解向量的概念及其坐标表示式，会求向量的模、方向余弦及单位向量.
- 会用向量坐标进行向量的线性运算、数量积与向量积运算，会求两向量的夹角，掌握两向量平行、垂直的充要条件.
- 掌握平面的方程与直线的方程，会用简单的条件求平面与直线的方程，理解平面与平面、直线与直线、平面与直线的关系，会求点到平面的距离.
- 了解空间曲面、曲线及其方程的概念，知道空间曲线的一般方程及参数方程，会求简单的空间曲线在坐标面上的投影.

在初等数学中我们学过了平面解析几何，在平面解析几何中，通过坐标法将平面上的点与有序的二元数组一一对应，将平面几何图形与二元方程一一对应，从而可以用代数方法研究平面几何图形的问题．与此类似，对于空间几何图形，可以建立空间直角坐标系，使空间的点与三元数组对应起来，从而使空间几何图形与三元方程一一对应起来，即用代数方法研究空间几何图形问题.

本章先建立空间直角坐标系，介绍向量及其基本运算，然后以向量知识为基础，介绍空间几何图形——平面、直线、曲面和曲线的方程及其相关知识.

8.1　向量及其线性运算

8.1.1　空间直角坐标系

自空间一定点 O，作三条两两垂直的数轴 Ox、Oy、Oz，通常把 Ox 轴和 Oy 轴配置在水平面上，而 Oz 轴与水平面垂直．各轴正向按右手法则确定，即以右手握住 z 轴，当右手的四个手指从 x 轴正向以 $\frac{\pi}{2}$ 角度转向 y 轴正向时，大拇指的指向就是 z 轴正向．这就构成了一个空间直角坐标系 $O-xyz$，如图 8-1 所示．称 O 点为坐标原点，数轴 Ox、Oy、Oz 为坐标轴，简称 x 轴（横轴）、y 轴（纵轴）、z 轴（竖轴）．任意两条坐标轴所确定的平面统称为坐标平面，它们是 xOy 面、yOz 面、zOx 面，三个坐标平面将空间分成八个部分，每一部分称为一个卦限，如图 8-2 所示.

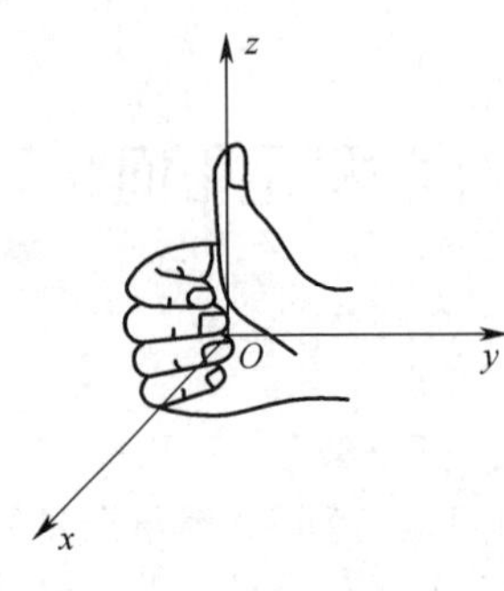

图 8-1

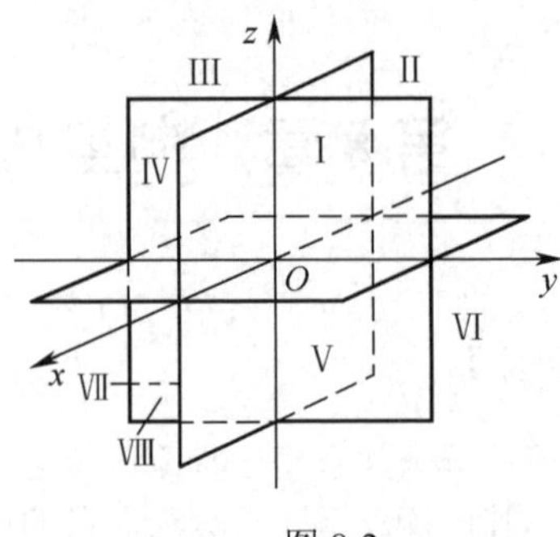

图 8-2

在平面直角坐标系中，平面上的点与有序实数组一一对应，以下讨论在空间直角坐标系 $O-xyz$ 中，空间中的点与有序实数组之间的对应关系.

设 M 为空间中的一点，过点 M 分别作垂直于坐标轴的平面，它们与 x 轴、y 轴、z 轴分别交于点 P 、Q 、R . 点 P 、Q 、R 叫做点 M 在 x 轴、y 轴、z 轴上的投影，如图 8-3 所示，设 P 、Q 、R 在相应坐标轴上的坐标依次为 x 、y 、z ，这样，空间中的一个点 M 唯一确定了一个有序实数组 (x,y,z) .

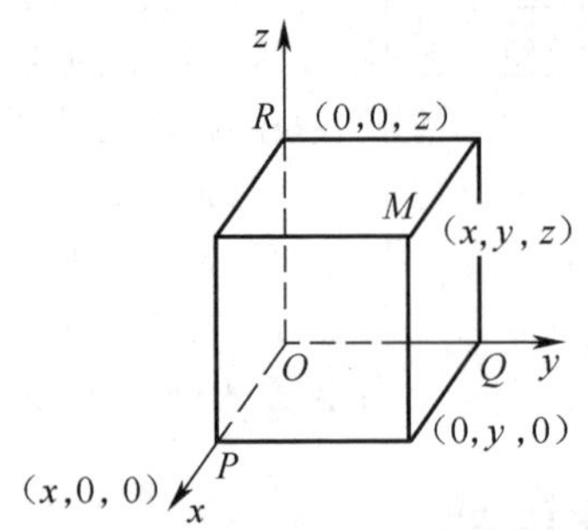

图 8-3

反之，任意给定一个有序实数组 (x,y,z) ，可以在坐标轴上确定与它们相对应的点 P、Q、R，即过这三点分别作垂直于 x 轴、y 轴、z 轴的平面，这 3 个平面必然交于空间一点 M . 这样一个有序实数组 (x,y,z) 唯一地确定了空间中的一个点 M . 由此可见，空间中的一点 M 与有序实数组 (x,y,z) 建立了一一对应关系，这一数组称为点 M 的坐标，x、y、z 分别称为点 M 的横坐标、纵坐标和竖坐标，这时点 M 记作 $M(x,y,z)$.

特殊地，坐标原点 O 的坐标为 $(0,0,0)$ ，x 轴上点的坐标为 $(x,0,0)$ ，y 轴上点的坐标为 $(0,y,0)$ ，z 轴上点的坐标为 $(0,0,z)$. xOy 坐标平面上点的坐标为 $(x,y,0)$ ，yOz 坐标平面上点的坐标为 $(0,y,z)$ ，zOx 坐标平面上点的坐标为 $(x,0,z)$.

接下来我们推导空间两点的距离公式. 设 $M_1(x_1,y_1,z_1)$ 、$M_2(x_2,y_2,z_2)$ 为空间

中的两点，过点 M_1,M_2 分别作垂直于 x 轴、y 轴、z 轴的平面，这 6 个平面构成一个长方体，如图 8-4 所示，$|M_1M_2|$ 为该长方体对角线的长.

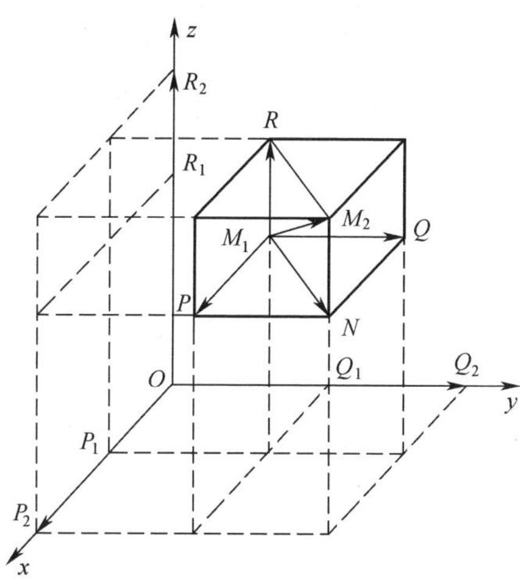

图 8-4

由长方体对角线计算公式知

$$|M_1M_2|=\sqrt{|M_1P|^2+|PN|^2+|NM_2|^2}.$$

由于

$$|M_1P|=|x_2-x_1|,\quad |PN|=|y_2-y_1|,\quad |NM_2|=|z_2-z_1|,$$

所以点 M_1、M_2 间的距离为

$$|M_1M_2|=\sqrt{(x_2-x_1)^2+(y_2-y_1)^2+(z_2-z_1)^2}.$$

特殊地，点 $M(x,y,z)$ 到原点 O 的距离为

$$|OM|=\sqrt{x^2+y^2+z^2}.$$

例 8.1 求点 $M(1,-1,2)$ 到 x 轴的距离.

解 设 $M(1,-1,2)$ 在 x 轴的投影为 P，则点 P 的坐标为 $P(1,0,0)$，且线段 MP 的长就是点 M 到 x 轴的距离，于是

$$|MP|=\sqrt{(1-1)^2+(-1-0)^2+(2-0)^2}=\sqrt{5}.$$

8.1.2 向量的概念及其线性运算

1．向量的概念

在日常生活中，我们常会遇到这样两种不同类型的量：一类是数量，如时间、长度、体积等，它们是只有大小的量；另一类是向量（又称矢量），如速度、加速度、位移、力等，它们不仅有大小还有方向.

几何上，常用一条有方向的线段，即有向线段来表示向量．有向线段的长度表示向量的大小，有向线段的方向表示向量的方向．向量常记为$\vec{F}$,$\vec{a}$,$\vec{b}$,$\vec{c}$,…或$\boldsymbol{F}$,$\boldsymbol{a}$,$\boldsymbol{b}$,$\boldsymbol{c}$,…．起点为A、终点为B的有向线段所表示的向量常记为$\overrightarrow{AB}$，如图8-5所示．起点为O、终点为M的向量$\overrightarrow{OM}$称为点M对于起点O的**向径**，常用$\boldsymbol{r}$表示，如图8-6所示．于是，空间每一点M，对应一个向径$\overrightarrow{OM}$；反之，每一个向径$\overrightarrow{OM}$，对应着空间中一个确定的点M．

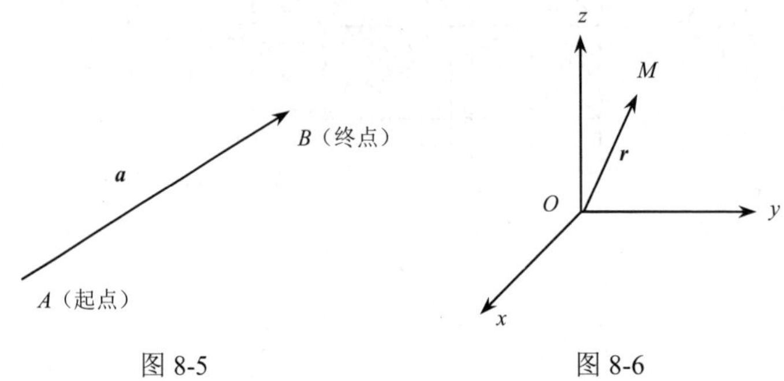

图 8-5　　图 8-6

表示向量$\boldsymbol{a}$的大小的数称为向量的模（或向量的长度），记为$|\boldsymbol{a}|$．模等于零的向量称为零向量，记为$\boldsymbol{0}$或$\vec{0}$．零向量的方向可以看作是任意的，它表示空间中一点．模等于1的向量称为单位向量．

当两个向量$\boldsymbol{a}$和$\boldsymbol{b}$的方向相同、模相等时，称它们为相等的向量，记为$\boldsymbol{a}=\boldsymbol{b}$，如果向量只取决于大小和方向，与起点位置无关，称这样的向量为自由向量．于是，任意一个向量经过平移后与原向量相等．本书除特别指明外，都是指自由向量．当两个向量$\boldsymbol{a}$和$\boldsymbol{b}$的方向相同或相反时，称向量$\boldsymbol{a}$与$\boldsymbol{b}$平行，记为$\boldsymbol{a}\parallel\boldsymbol{b}$．由于平行的向量经平移后，可放在同一条直线上，所以平行向量又称为共线向量．与向量$\boldsymbol{a}$大小相等，方向相反的向量，称为向量$\boldsymbol{a}$的负向量，记作$-\boldsymbol{a}$．

将两个非零向量$\boldsymbol{a}$与$\boldsymbol{b}$平移，使它们的起点重合，它们所在射线的夹角$\theta\ (0\leqslant\theta\leqslant\pi)$，如图8-7所示，称为向量$\boldsymbol{a}$与$\boldsymbol{b}$的夹角，记作$(\widehat{\boldsymbol{a},\boldsymbol{b}})$．当$(\widehat{\boldsymbol{a},\boldsymbol{b}})=\dfrac{\pi}{2}$时，称向量$\boldsymbol{a}$与$\boldsymbol{b}$垂直，记作$\boldsymbol{a}\perp\boldsymbol{b}$．

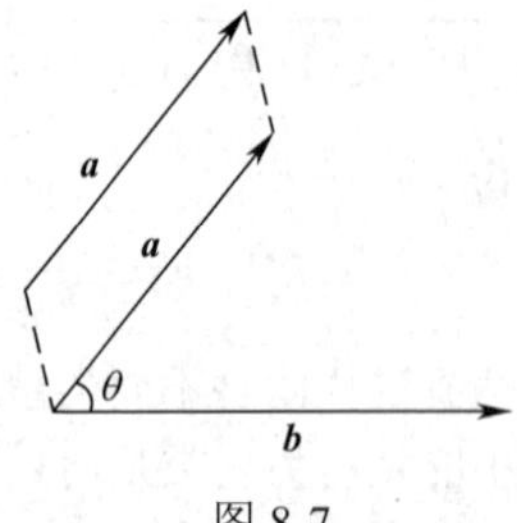

图 8-7

特别地，因为零向量的方向可以是任意的，所以可认为零向量与任意向量平行，零向量与任意向量垂直，并且，当 $\boldsymbol{a}$ 与 $\boldsymbol{b}$ 中有一个是零向量时，规定它们的夹角可以在 $[0,\pi]$ 中任意取值.

2. 向量的线性运算

向量的加、减法，数与向量的乘法统称为向量的线性运算.

设有两个不平行的非零向量 $\boldsymbol{a}$ 和 $\boldsymbol{b}$，空间中任取一点 O，作 $\overrightarrow{OA}=\boldsymbol{a},\overrightarrow{OB}=\boldsymbol{b}$，以 OA,OB 为邻边作平行四边形 $OACB$，则向量 $\overrightarrow{OC}$ 称作向量 $\boldsymbol{a}$ 与 $\boldsymbol{b}$ 的和，记作 $\boldsymbol{a}+\boldsymbol{b}$，如图 8-8 所示，这种方法称为向量加法的平行四边形法则.

由图 8-8 知，向量 $\overrightarrow{OC}=\boldsymbol{a}+\boldsymbol{b}$，所以向量 $\boldsymbol{a}$ 和 $\boldsymbol{b}$ 的加法也可规定如下：将向量 $\boldsymbol{b}$ 平移，使 $\boldsymbol{b}$ 的起点与 $\boldsymbol{a}$ 的终点重合，则以 $\boldsymbol{a}$ 的起点为起点，$\boldsymbol{b}$ 的终点为终点的向量便是 $\boldsymbol{a}$ 与 $\boldsymbol{b}$ 的和，如图 8-9 所示. 这种方法叫做向量加法的三角形法则. 当向量 $\boldsymbol{a}$ 与 $\boldsymbol{b}$ 平行时，三角形法则也适用.

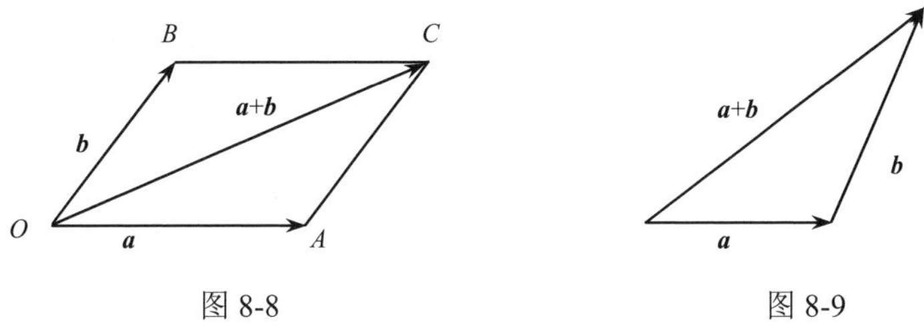

图 8-8　　　　图 8-9

设非零向量 $\boldsymbol{a}$ 和 $\boldsymbol{b}$，定义向量 $\boldsymbol{a}$ 与 $-\boldsymbol{b}$ 的和 $\boldsymbol{a}+(-\boldsymbol{b})$ 为 $\boldsymbol{a}$ 与 $\boldsymbol{b}$ 的差，记作 $\boldsymbol{a}-\boldsymbol{b}$. $\boldsymbol{a}-\boldsymbol{b}$ 可按图 8-10 的方法作出. 即将向量 $\boldsymbol{a}$ 与 $\boldsymbol{b}$ 的起点重合，以 $\boldsymbol{b}$ 的终点为起点，以 $\boldsymbol{a}$ 的终点为终点的向量，为 $\boldsymbol{a}$ 与 $\boldsymbol{b}$ 的差 $\boldsymbol{a}-\boldsymbol{b}$.

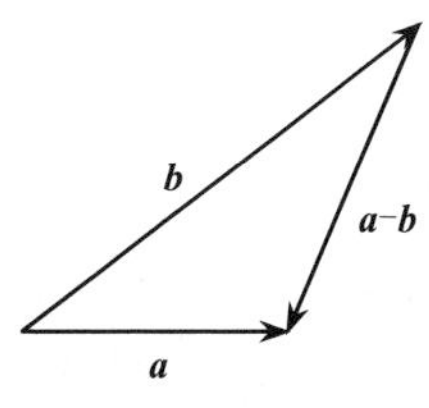

图 8-10

实数 λ 与向量 $\boldsymbol{a}$ 的乘积称为向量 $\boldsymbol{a}$ 的数乘运算，记作 $\lambda\boldsymbol{a}$. $\lambda\boldsymbol{a}$ 是一个平行于 $\boldsymbol{a}$ 的向量，它的模是向量 $\boldsymbol{a}$ 的模的 $|\lambda|$ 倍，即

$$|\lambda\boldsymbol{a}|=|\lambda||\boldsymbol{a}|.$$

它的方向：当 $\lambda>0$ 时，$\lambda\boldsymbol{a}$ 与 $\boldsymbol{a}$ 的方向相同；当 $\lambda<0$ 时，$\lambda\boldsymbol{a}$ 与 $\boldsymbol{a}$ 的方向相反；当 $\lambda=0$ 时，$\lambda\boldsymbol{a}$ 为零向量，方向任意.

若 $\boldsymbol{a}$ 是任意非零向量，$\boldsymbol{a}^0$ 表示与 $\boldsymbol{a}$ 同向的单位向量，则由向量的数乘运算知

$\boldsymbol{a}=|\boldsymbol{a}|\boldsymbol{a}^0$，于是 $\boldsymbol{a}^0=\dfrac{\boldsymbol{a}}{|\boldsymbol{a}|}$．

一般地，向量的加法、数乘有以下运算性质：

（1）交换律　$\boldsymbol{a}+\boldsymbol{b}=\boldsymbol{b}+\boldsymbol{a}$；

（2）结合律　$(\boldsymbol{a}+\boldsymbol{b})+\boldsymbol{c}=\boldsymbol{a}+(\boldsymbol{b}+\boldsymbol{c})$，

$\lambda(\mu\boldsymbol{a})=(\lambda\mu)\boldsymbol{a}$　（λ,μ 是实数）；

（3）分配律　$(\lambda+\mu)\boldsymbol{a}=\lambda\boldsymbol{a}+\mu\boldsymbol{a}$　（λ,μ 是实数）；

$\lambda(\boldsymbol{a}+\boldsymbol{b})=\lambda\boldsymbol{a}+\lambda\boldsymbol{b}$　（λ 是实数）．

由数与向量的乘法，可得下面的定理．

定理 8.1　向量 $\boldsymbol{b}$ 与非零向量 $\boldsymbol{a}$ 平行的充要条件是存在唯一的实数 λ，使

$$\boldsymbol{b}=\lambda\boldsymbol{a}.$$

证　充分性是显然的，下面证明必要性．

设 $\boldsymbol{b}\,/\!/\,\boldsymbol{a}$，当 $\boldsymbol{b}$ 与 $\boldsymbol{a}$ 同方向时，取 $\lambda=\dfrac{|\boldsymbol{b}|}{|\boldsymbol{a}|}$；当 $\boldsymbol{b}$ 与 $\boldsymbol{a}$ 反方向时，取 $\lambda=-\dfrac{|\boldsymbol{b}|}{|\boldsymbol{a}|}$，则

$$|\lambda\boldsymbol{a}|=|\lambda||\boldsymbol{a}|=\frac{|\boldsymbol{b}|}{|\boldsymbol{a}|}|\boldsymbol{a}|=|\boldsymbol{b}|,$$

因此

$$\boldsymbol{b}=\lambda\boldsymbol{a}.$$

再证数 λ 的唯一性．设另有数 μ 使 $\boldsymbol{b}=\mu\boldsymbol{a}$，则

$$\lambda\boldsymbol{a}-\mu\boldsymbol{a}=\boldsymbol{b}-\boldsymbol{b}=\boldsymbol{0}，即 (\lambda-\mu)\boldsymbol{a}=\boldsymbol{0}.$$

因 $\boldsymbol{a}\neq\boldsymbol{0}$，故 $\lambda-\mu=0$，即 $\lambda=\mu$．

8.1.3　向量的坐标表示式

1．向径的坐标表示式

在空间直角坐标系 $O-xyz$ 中，分别在 x 轴、y 轴、z 轴上有一个与坐标轴同向的单位向量 $\boldsymbol{i},\boldsymbol{j},\boldsymbol{k}$，称它们为直角坐标系 $O-xyz$ 的基本单位向量．如图 8-11 所示，设向径 $\overrightarrow{OM}$ 的终点 M 的坐标为 (x,y,z)，过点 M 分别作垂直于坐标轴的平面，它们在 x 轴、y 轴、z 轴上的交点分别为 P,Q,R，其坐标分别为 $(x,0,0),(0,y,0),(0,0,z)$，于是

$$\overrightarrow{OP}=x\boldsymbol{i}，\ \overrightarrow{OQ}=\overrightarrow{PN}=y\boldsymbol{j}，\ \overrightarrow{OR}=\overrightarrow{NM}=z\boldsymbol{k}，$$

由向量的加法知

$$\overrightarrow{OM}=\overrightarrow{OP}+\overrightarrow{PN}+\overrightarrow{NM}=x\boldsymbol{i}+y\boldsymbol{j}+z\boldsymbol{k},$$

即

$$\overrightarrow{OM}=x\boldsymbol{i}+y\boldsymbol{j}+z\boldsymbol{k}.$$

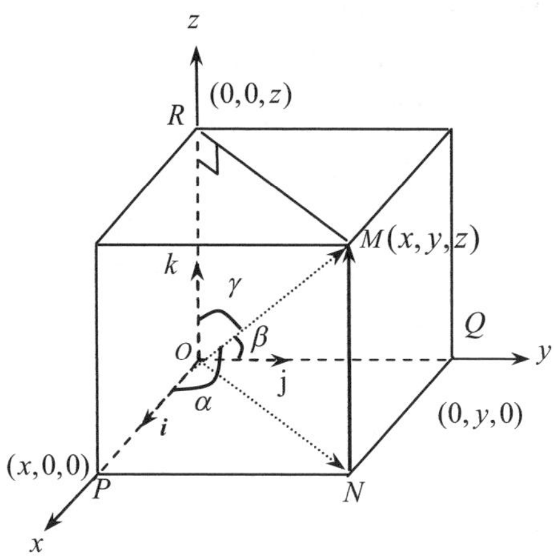

图 8-11

上式称为向径 $\overrightarrow{OM}$ 的基本单位向量的分解表示式，其中 $x\boldsymbol{i}$, $y\boldsymbol{j}$, $z\boldsymbol{k}$ 称为向径 $\overrightarrow{OM}$ 在 x 轴、y 轴、z 轴上的分向量，x , y , z 称为向径 $\overrightarrow{OM}$ 在 x 轴、y 轴、z 轴上的投影，并称这个有序的数组 (x,y,z) 为向径 $\overrightarrow{OM}$ 的坐标，记作

$$\overrightarrow{OM}=(x,y,z).$$

上式称为向径 $\overrightarrow{OM}$ 的坐标表示式. 显然向径 $\overrightarrow{OM}$ 与它的三个坐标是一一对应的，因此它的基本单位向量的分解表示式及坐标表示式是唯一的.

向径 $\overrightarrow{OM}$ 的模 $|\overrightarrow{OM}|$ 表示点 O 、M 间的距离，即

$$|\overrightarrow{OM}|=\sqrt{x^2+y^2+z^2}.$$

向径 $\overrightarrow{OM}$ 的方向可由 $\overrightarrow{OM}$ 与三个坐标轴不超过 π 的夹角唯一确定. 称向径 $\overrightarrow{OM}$ 与 x 轴、y 轴、z 轴的夹角 α,β,γ 为向径 $\overrightarrow{OM}$ 的方向角（$0\leqslant\alpha,\beta,\gamma\leqslant\pi$），称 $\cos\alpha$, $\cos\beta$, $\cos\gamma$ 为向径 $\overrightarrow{OM}$ 的方向余弦. 如图 8-11 所示，$\triangle ORM$ 为直角三角形，于是

$$\cos\gamma=\frac{z}{|\overrightarrow{OM}|}=\frac{z}{\sqrt{x^2+y^2+z^2}},$$

同理得

$$\cos\alpha=\frac{x}{\sqrt{x^2+y^2+z^2}},\quad \cos\beta=\frac{y}{\sqrt{x^2+y^2+z^2}},$$

且

$$\cos^2\alpha+\cos^2\beta+\cos^2\gamma=1.$$

2. 向量的坐标表示式

设任一向量 $\overrightarrow{M_1M_2}$ 的起点、终点分别为 $M_1(x_1,y_1,z_1)$, $M_2(x_2,y_2,z_2)$ ，点 M_1、M_2

对应的向径分别为$\overrightarrow{OM_1}, \overrightarrow{OM_2}$，如图 8-12 所示，则

$$\overrightarrow{OM_1} = x_1\boldsymbol{i} + y_1\boldsymbol{j} + z_1\boldsymbol{k},$$
$$\overrightarrow{OM_2} = x_2\boldsymbol{i} + y_2\boldsymbol{j} + z_2\boldsymbol{k},$$

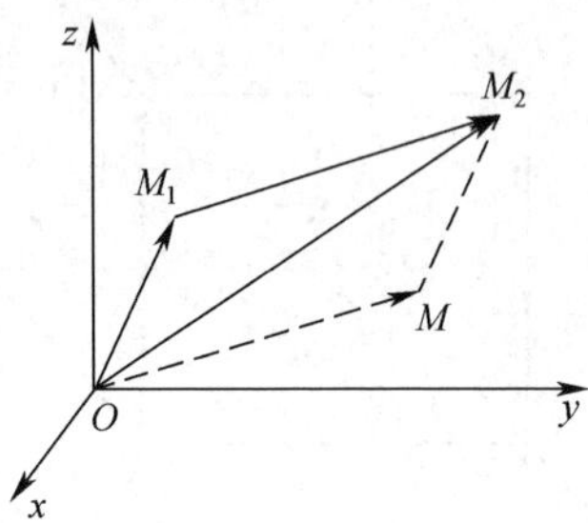

图 8-12

从而

$$\overrightarrow{M_1M_2} = \overrightarrow{OM_2} - \overrightarrow{OM_1} = (x_2 - x_1)\boldsymbol{i} + (y_2 - y_1)\boldsymbol{j} + (z_2 - z_1)\boldsymbol{k}.$$

上式称为任意向量$\overrightarrow{M_1M_2}$的基本单位向量的分解表示式，其中$(x_2 - x_1)\boldsymbol{i}$，$(y_2 - y_1)\boldsymbol{j}, (z_2 - z_1)\boldsymbol{k}$称为向量$\overrightarrow{M_1M_2}$在$x$轴、$y$轴、$z$轴上的分向量，三个数$x_2 - x_1, y_2 - y_1, z_2 - z_1$称为向量$\overrightarrow{M_1M_2}$在$x$轴、$y$轴、$z$轴上的投影，并称这个有序的数组$(x_2 - x_1, y_2 - y_1, z_2 - z_1)$为向量$\overrightarrow{M_1M_2}$的坐标，记作

$$\overrightarrow{M_1M_2} = (x_2 - x_1,\ y_2 - y_1,\ z_2 - z_1).$$

上式称为向量$\overrightarrow{M_1M_2}$的坐标表示式.

由于任意向量可平移成向径，设向量$\overrightarrow{M_1M_2}$平移后为向径$\overrightarrow{OM}$，于是

$$\overrightarrow{OM} = \overrightarrow{M_1M_2} = (x_2 - x_1,\ y_2 - y_1,\ z_2 - z_1).$$

且M点的坐标为$M(x_2 - x_1,\ y_2 - y_1,\ z_2 - z_1)$，于是

$$\left|\overrightarrow{M_1M_2}\right| = \left|\overrightarrow{OM}\right| = \sqrt{(x_2 - x_1)^2 + (y_2 - y_1)^2 + (z_2 - z_1)^2}.$$

上式即为两点间的距离公式.

若向量$\overrightarrow{M_1M_2}$与x轴、y轴、z轴的夹角分别为α, β, γ，则它们分别等于向径$\overrightarrow{OM}$与x轴、y轴、z轴的夹角，于是有

$$\cos\alpha = \frac{x_2 - x_1}{\sqrt{(x_2 - x_1)^2 + (y_2 - y_1)^2 + (z_2 - z_1)^2}},$$

$$\cos\beta = \frac{y_2 - y_1}{\sqrt{(x_2 - x_1)^2 + (y_2 - y_1)^2 + (z_2 - z_1)^2}},$$

$$\cos\gamma = \frac{z_2 - z_1}{\sqrt{(x_2-x_1)^2+(y_2-y_1)^2+(z_2-z_1)^2}}.$$

且 $$\cos^2\alpha+\cos^2\beta+\cos^2\gamma=1.$$

3. 向量的和差与向量的数乘的坐标表示式

设向量 $\boldsymbol{a}$,$\boldsymbol{b}$ 的坐标表示式分别为

$$\boldsymbol{a}=(a_x,a_y,a_z),\quad \boldsymbol{b}=(b_x,b_y,b_z),$$

则其基本单位向量的分解表示式为

$$\boldsymbol{a}=a_x\boldsymbol{i}+a_y\boldsymbol{j}+a_z\boldsymbol{k},\ \ \boldsymbol{b}=b_x\boldsymbol{i}+b_y\boldsymbol{j}+b_z\boldsymbol{k}.$$

设 λ 为任意实数，由向量的加减法和数乘运算法则知

$$\begin{aligned}\boldsymbol{a}\pm\boldsymbol{b}&=(a_x\boldsymbol{i}+a_y\boldsymbol{j}+a_z\boldsymbol{k})\pm(b_x\boldsymbol{i}+b_y\boldsymbol{j}+b_z\boldsymbol{k})\\&=(a_x\pm b_x)\boldsymbol{i}+(a_y\pm b_y)\boldsymbol{j}+(a_z\pm b_z)\boldsymbol{k};\end{aligned}$$

$$\begin{aligned}\lambda\boldsymbol{a}&=\lambda(a_x\boldsymbol{i}+a_y\boldsymbol{j}+a_z\boldsymbol{k})\\&=\lambda a_x\boldsymbol{i}+\lambda a_y\boldsymbol{j}+\lambda a_z\boldsymbol{k}.\end{aligned}$$

即坐标表示式为

$$\boldsymbol{a}\pm\boldsymbol{b}=(a_x\pm b_x,a_y\pm b_y,a_z\pm b_z);$$

$$\lambda\boldsymbol{a}=(\lambda a_x,\lambda a_y,\lambda a_z).$$

若 $\boldsymbol{a}^0$ 表示与 $\boldsymbol{a}$ 同向的单位向量，则由 $\boldsymbol{a}^0=\dfrac{\boldsymbol{a}}{|\boldsymbol{a}|}$ 和 $|\boldsymbol{a}|=\sqrt{a_x^2+a_y^2+a_z^2}$ 得

$$\boldsymbol{a}^0=\left(\frac{a_x}{\sqrt{a_x^2+a_y^2+a_z^2}},\frac{a_y}{\sqrt{a_x^2+a_y^2+a_z^2}},\frac{a_z}{\sqrt{a_x^2+a_y^2+a_z^2}}\right)=(\cos\alpha,\cos\beta,\cos\gamma).$$

其中 $\cos\alpha,\cos\beta,\cos\gamma$ 为向量 $\boldsymbol{a}$ 的方向余弦.

例 8.2 设向量 $\boldsymbol{a}$ 与各坐标轴成相等的锐角，$|\boldsymbol{a}|=2\sqrt{3}$，求向量 $\boldsymbol{a}$ 的坐标表示式.

解 由已知条件可设向量 $\boldsymbol{a}$ 与 x 轴、y 轴、z 轴的夹角都为 θ，其中 θ 为锐角，则

$$\cos^2\theta+\cos^2\theta+\cos^2\theta=1.$$

由 θ 是锐角知 $$\cos\theta=\frac{\sqrt{3}}{3}.$$

于是 $$a_x=|\boldsymbol{a}|\cdot\cos\theta=2.$$

同理 $$a_y=a_z=2.$$

所以向量 $\boldsymbol{a}$ 的坐标表示式为 $\boldsymbol{a}=(2,2,2)$.

例 8.3 已知点 $M_1(1,0,-1)$ 和 $M_2(2,\sqrt{2},0)$，求向量 $\overrightarrow{M_1M_2}$ 的模、方向余弦、方向角及与 $\overrightarrow{M_1M_2}$ 方向相同的单位向量.

解 向量 $\overrightarrow{M_1M_2}$ 的坐标表示式为 $\overrightarrow{M_1M_2}=(1,\sqrt{2},1)$.

于是

$$\left|\overrightarrow{M_1M_2}\right| = \sqrt{1^2 + (\sqrt{2})^2 + 1^2} = 2 .$$

方向余弦为

$$\cos\alpha = \frac{1}{2},\ \cos\beta = \frac{\sqrt{2}}{2}, \cos\gamma = \frac{1}{2} .$$

方向角为

$$\alpha = \frac{\pi}{3},\ \beta = \frac{\pi}{4},\ \gamma = \frac{\pi}{3} .$$

与 $\overrightarrow{M_1M_2}$ 方向相同的单位向量为 $\boldsymbol{e} = \dfrac{\overrightarrow{M_1M_2}}{\left|\overrightarrow{M_1M_2}\right|} = \left(\dfrac{1}{2}, \dfrac{\sqrt{2}}{2}, \dfrac{1}{2}\right)$.

由定理 8.1 知，向量 $\boldsymbol{b} = (b_x, b_y, b_z)$ 与非零向量 $\boldsymbol{a} = (a_x, a_y, a_z)$ 平行的充分必要条件是存在唯一的实数 λ，使 $\boldsymbol{b} = \lambda\boldsymbol{a}$，即

$$(b_x, b_y, b_z) = (\lambda a_x, \lambda a_y, \lambda a_z) . \tag{8.1}$$

或写成

$$\frac{b_x}{a_x} = \frac{b_y}{a_y} = \frac{b_z}{a_z} = \lambda . \tag{8.2}$$

若 a_x, a_y, a_z 中某一个或某两个数为零，则（8.2）式只是（8.1）式书写的简洁形式，应理解为相应的分子也为零. 例如，$\dfrac{b_x}{a_x} = \dfrac{b_y}{0} = \dfrac{b_z}{a_z}$ 理解为 $b_y = 0$，$\dfrac{b_x}{a_x} = \dfrac{b_z}{a_z}$.

例 8.4 已知 $\boldsymbol{a} = (\lambda, 2, -1)$，$\boldsymbol{b} = (0, -2, \mu)$，问 λ，μ 为何值时 $\boldsymbol{a} \parallel \boldsymbol{b}$？

解 由 $\boldsymbol{a} \parallel \boldsymbol{b}$ 得 $\dfrac{\lambda}{0} = \dfrac{2}{-2} = \dfrac{-1}{\mu}$，即 $\lambda = 0$，$\mu = 1$.

所以当 $\lambda = 0$，$\mu = 1$ 时 $\boldsymbol{a} \parallel \boldsymbol{b}$.

练习题 8.1

1．在空间直角坐标系 $O-xyz$ 中画出点 $A(0,0,1)$，$B(2,1,0)$，$C(1,2,3)$.

2．写出点 $(2,-1,1)$ 关于坐标原点 O、x 轴、及 xOy 面对称的点的坐标.

3．求点 $A(1,2,-1)$ 和 $B(0,-1,-2)$ 间的距离.

4．在 y 轴上求与点 $A(1,-3,7)$ 和 $B(5,7,-5)$ 等距离的点.

5．求点 $(1,-3,5)$ 到 x 轴的距离 d.

6．设 $\boldsymbol{a} = \boldsymbol{i} - \boldsymbol{j} + 2\boldsymbol{k}$，$\boldsymbol{b} = -\boldsymbol{i} + 3\boldsymbol{j} - \boldsymbol{k}$，求 $2\boldsymbol{a} - 3\boldsymbol{b}$.

7．给定点 $A(2,1,1)$，$B(1,3,0)$，求 $\overrightarrow{AB}$ 的模、方向余弦及与 $\overrightarrow{AB}$ 方向相同的单位向量.

8.2 向量的乘法运算

8.2.1 向量的数量积

数量积是从物理、力学问题中抽象出来的一个数学概念. 例如，有一个物体在常力 $\boldsymbol{F}$ 的作用下沿直线运动，产生了位移 $\boldsymbol{s}$. 实验证明，力 $\boldsymbol{F}$ 所做的功为

$$W=|\boldsymbol{F}||\boldsymbol{s}|\cos\theta,$$

其中 θ 是力 $\boldsymbol{F}$ 与位移 $\boldsymbol{s}$ 的夹角，如图 8-13 所示. 上式的右边可以看成两个向量进行某种运算的结果，这种运算就是两个向量的数量积.

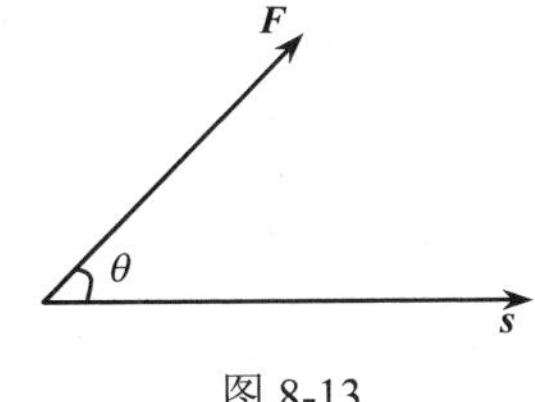

图 8-13

定义 设 $\boldsymbol{a}$，$\boldsymbol{b}$ 是两个向量，它们的模及夹角的余弦的乘积称为向量 $\boldsymbol{a}$ 与 $\boldsymbol{b}$ 的数量积（又称点积或内积），记作 $\boldsymbol{a}\cdot\boldsymbol{b}$，即

$$\boldsymbol{a}\cdot\boldsymbol{b}=|\boldsymbol{a}||\boldsymbol{b}|\cos(\widehat{\boldsymbol{a},\boldsymbol{b}}). \tag{8.3}$$

于是力 $\boldsymbol{F}$ 所作的功 W 可简记为

$$W=\boldsymbol{F}\cdot\boldsymbol{s}.$$

当 $\boldsymbol{a}$, $\boldsymbol{b}$ 都不是零向量时，数 $|\boldsymbol{a}|\cos(\widehat{\boldsymbol{a},\boldsymbol{b}})$ 称为向量 $\boldsymbol{a}$ 在 $\boldsymbol{b}$ 上的投影，如图 8-14 所示，记作 $\mathrm{Prj}_{\boldsymbol{b}}\boldsymbol{a}$，即

$$\mathrm{Prj}_{\boldsymbol{b}}\boldsymbol{a}=|\boldsymbol{a}|\cos(\widehat{\boldsymbol{a},\boldsymbol{b}})=\frac{\boldsymbol{a}\cdot\boldsymbol{b}}{|\boldsymbol{b}|}.$$

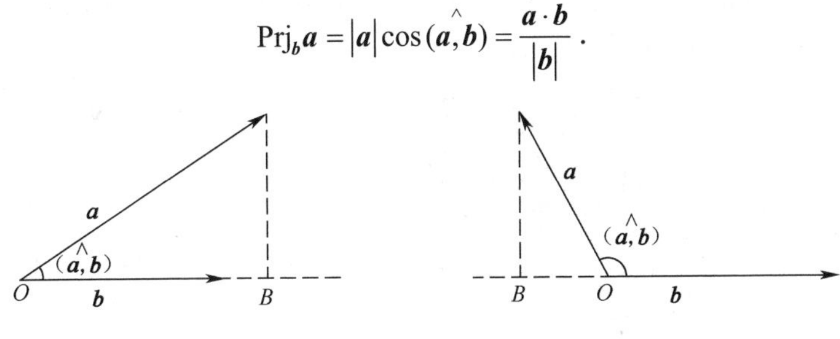

图 8-14

同样，数 $|\boldsymbol{b}|\cos(\widehat{\boldsymbol{a},\boldsymbol{b}})$ 称为向量 $\boldsymbol{b}$ 在 $\boldsymbol{a}$ 上的投影，记作 $\mathrm{Prj}_{\boldsymbol{a}}\boldsymbol{b}$，即

$$\mathrm{Prj}_{\boldsymbol{a}}\boldsymbol{b}=|\boldsymbol{b}|\cos(\widehat{\boldsymbol{a},\boldsymbol{b}})=\frac{\boldsymbol{a}\cdot\boldsymbol{b}}{|\boldsymbol{a}|}.$$

因此（8.3）式又能写成

$$\boldsymbol{a}\cdot\boldsymbol{b}=|\boldsymbol{b}|\,\mathrm{Prj}_{\boldsymbol{b}}\boldsymbol{a}=|\boldsymbol{a}|\,\mathrm{Prj}_{\boldsymbol{a}}\boldsymbol{b}\,.$$

由数量积的定义可得以下运算性质：

（1）$\boldsymbol{a}\cdot\boldsymbol{a}=|\boldsymbol{a}|^2$；

（2）$\boldsymbol{a}\cdot\boldsymbol{0}=0$，其中$\boldsymbol{0}$是零向量；

（3）交换律 $\boldsymbol{a}\cdot\boldsymbol{b}=\boldsymbol{b}\cdot\boldsymbol{a}$；

（4）结合律 $(\lambda\boldsymbol{a})\cdot\boldsymbol{b}=\lambda(\boldsymbol{a}\cdot\boldsymbol{b})$，其中$\lambda$是实数；

（5）分配律 $(\boldsymbol{a}+\boldsymbol{b})\cdot\boldsymbol{c}=\boldsymbol{a}\cdot\boldsymbol{c}+\boldsymbol{b}\cdot\boldsymbol{c}$．

对于基本单位向量$\boldsymbol{i},\boldsymbol{j},\boldsymbol{k}$，有 $\boldsymbol{i}\cdot\boldsymbol{i}=\boldsymbol{j}\cdot\boldsymbol{j}=\boldsymbol{k}\cdot\boldsymbol{k}=1$和 $\boldsymbol{i}\cdot\boldsymbol{j}=\boldsymbol{j}\cdot\boldsymbol{k}=\boldsymbol{k}\cdot\boldsymbol{i}=0$，于是对于向量$\boldsymbol{a}=a_x\boldsymbol{i}+a_y\boldsymbol{j}+a_z\boldsymbol{k},\ \boldsymbol{b}=b_x\boldsymbol{i}+b_y\boldsymbol{j}+b_z\boldsymbol{k}$，我们有向量数量积的坐标表示式：

$$\boldsymbol{a}\cdot\boldsymbol{b}=(a_x\boldsymbol{i}+a_y\boldsymbol{j}+a_z\boldsymbol{k})\cdot(b_x\boldsymbol{i}+b_y\boldsymbol{j}+b_z\boldsymbol{k})=(a_xb_x+a_yb_y+a_zb_z)\,,$$

并且

$$\cos(\hat{\boldsymbol{a},\boldsymbol{b}})=\frac{\boldsymbol{a}\cdot\boldsymbol{b}}{|\boldsymbol{a}||\boldsymbol{b}|}=\frac{a_xb_x+a_yb_y+a_zb_z}{\sqrt{a_x^{\,2}+a_y^{\,2}+a_z^{\,2}}\sqrt{b_x^{\,2}+b_y^{\,2}+b_z^{\,2}}}\,.$$

由数量积的定义可知，$\boldsymbol{a}\cdot\boldsymbol{b}=0$的充分必要条件是$|\boldsymbol{a}|=0$或$|\boldsymbol{b}|=0$或$(\hat{\boldsymbol{a},\boldsymbol{b}})=\dfrac{\pi}{2}$，这也是$\boldsymbol{a}\perp\boldsymbol{b}$的充分必要条件．因此我们有下述定理．

定理 8.2 向量$\boldsymbol{a}$与$\boldsymbol{b}$垂直的充分必要条件是$\boldsymbol{a}\cdot\boldsymbol{b}=0$或$a_xb_x+a_yb_y+a_zb_z=0$．

例 8.5 设向量$\boldsymbol{a}=(-1,0,1),\boldsymbol{b}=(2,1,1)$，求$\boldsymbol{a}\cdot\boldsymbol{b}$，$\mathrm{Prj}_{\boldsymbol{b}}\boldsymbol{a}$．

解 $\boldsymbol{a}\cdot\boldsymbol{b}=(-1)\times2+0\times1+1\times1=-1$．

因为 $|\boldsymbol{b}|=\sqrt{2^2+1^2+1^2}=\sqrt{6}$，

所以 $\mathrm{Prj}_{\boldsymbol{b}}\boldsymbol{a}=\dfrac{\boldsymbol{a}\cdot\boldsymbol{b}}{|\boldsymbol{b}|}=-\dfrac{\sqrt{6}}{6}$．

例 8.6 向量$\boldsymbol{a}=(-1,1,0),\boldsymbol{b}=(0,1,-1)$，求$\cos(\hat{\boldsymbol{a},\boldsymbol{b}})$与$\boldsymbol{c}=2\boldsymbol{a}-\boldsymbol{b}$的模．

解 因为 $\boldsymbol{a}\cdot\boldsymbol{b}=(-1)\times0+1\times1+0\times(-1)=1$，

$$|\boldsymbol{a}|=\sqrt{(-1)^2+1^2+0^2}=\sqrt{2},\quad |\boldsymbol{b}|=\sqrt{0^2+1^2+(-1)^2}=\sqrt{2}\,,$$

所以 $\cos(\hat{\boldsymbol{a},\boldsymbol{b}})=\dfrac{\boldsymbol{a}\cdot\boldsymbol{b}}{|\boldsymbol{a}||\boldsymbol{b}|}=\dfrac{1}{\sqrt{2}\times\sqrt{2}}=\dfrac{1}{2}$．

又因为

$$\begin{aligned}|\boldsymbol{c}|^2&=\boldsymbol{c}\cdot\boldsymbol{c}=(2\boldsymbol{a}-\boldsymbol{b})\cdot(2\boldsymbol{a}-\boldsymbol{b})=4\boldsymbol{a}\cdot\boldsymbol{a}-4\boldsymbol{a}\cdot\boldsymbol{b}+\boldsymbol{b}\cdot\boldsymbol{b}\\&=4|\boldsymbol{a}|^2-4|\boldsymbol{a}|\cdot|\boldsymbol{b}|\cdot\cos(\hat{\boldsymbol{a},\boldsymbol{b}})+|\boldsymbol{b}|^2\\&=4\times2-4\times\sqrt{2}\times\sqrt{2}\times\frac{1}{2}+2\\&=6\,,\end{aligned}$$

所以$\boldsymbol{c}=2\boldsymbol{a}-\boldsymbol{b}$的模为 $|\boldsymbol{c}|=\sqrt{6}$．

8.2.2 向量的向量积

为了说明向量积的概念，先看一个例子．设 O 为一杠杆的支点，有一力 $\boldsymbol{F}$ 作用于杠杆的点 A 处，由力学知，力 $\boldsymbol{F}$ 对支点 O 的力矩是一个向量 $\boldsymbol{M}$，它的模为

$$|\boldsymbol{M}| = |\boldsymbol{F}||\overrightarrow{OP}| = |\boldsymbol{F}||\overrightarrow{OA}|\sin\theta ,$$

其中 θ 是力 $\boldsymbol{F}$ 与 $\overrightarrow{OA}$ 的夹角，如图 8-15 所示，$|\overrightarrow{OP}| = |\overrightarrow{OA}|\sin\theta$ 是力臂．力矩 $\boldsymbol{M}$ 的方向是这样规定的：$\boldsymbol{M}$ 同时垂直于 $\boldsymbol{F}$ 和 $\overrightarrow{OA}$，且 $\overrightarrow{OA}, \boldsymbol{F}, \boldsymbol{M}$ 构成右手系，即当右手的四个手指指向 $\overrightarrow{OA}$ 的方向，握拳转向 $\boldsymbol{F}$ 时，大拇指所指的方向为力矩 $\boldsymbol{M}$ 的方向．

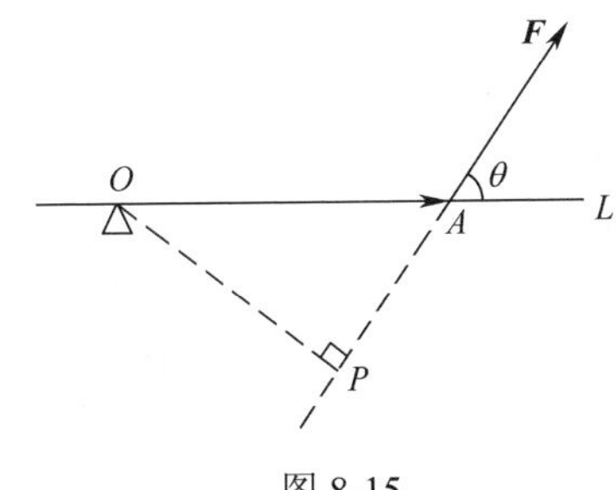

图 8-15

由此可见，力矩 $\boldsymbol{M}$ 完全由向量 $\overrightarrow{OA}$ 和力 $\boldsymbol{F}$ 这两个向量所确定，数学称由两个已知向量按上述方法确定的向量为两个已知向量的向量积．

定义 8.1 两个向量 $\boldsymbol{a}$ 和 $\boldsymbol{b}$ 的向量积（又称叉积或外积）是一个向量，记作 $\boldsymbol{a}\times\boldsymbol{b}$．它按下列方式来确定：

（1）模 $|\boldsymbol{a}\times\boldsymbol{b}| = |\boldsymbol{a}||\boldsymbol{b}|\sin(\widehat{\boldsymbol{a},\boldsymbol{b}})$；

（2）方向 $\boldsymbol{a}\times\boldsymbol{b}\perp\boldsymbol{a}$, $\boldsymbol{a}\times\boldsymbol{b}\perp\boldsymbol{b}$，即 $\boldsymbol{a}\times\boldsymbol{b}$ 垂直于 $\boldsymbol{a}$ 与 $\boldsymbol{b}$ 所确定的平面，且 $\boldsymbol{a}, \boldsymbol{b}, \boldsymbol{a}\times\boldsymbol{b}$ 构成右手系，如图 8-16 所示．

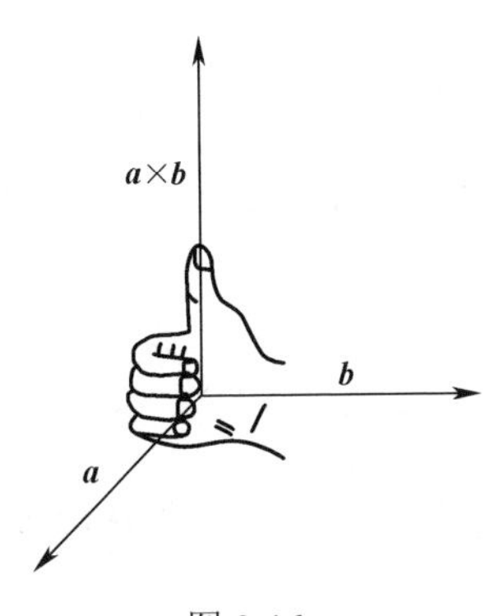

图 8-16

依照定义 8.1，力矩 $\boldsymbol{M}$ 可表示成

$$\boldsymbol{M}=\overrightarrow{OA}\times\boldsymbol{F}\ .$$

几何上，向量积的模 $|\boldsymbol{a}\times\boldsymbol{b}|$ 表示以 $\boldsymbol{a}$ 和 $\boldsymbol{b}$ 为邻边的平行四边形的面积，如图 8-17 所示.

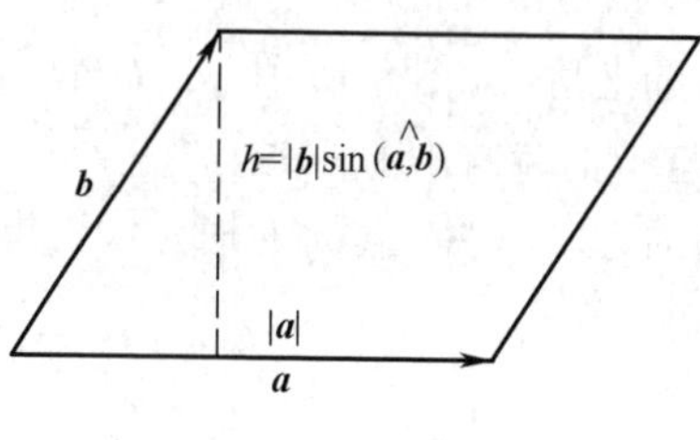

图 8-17

由向量积的定义可得其运算性质：

（1）$\boldsymbol{a}\times\boldsymbol{a}=\boldsymbol{0},\ \boldsymbol{a}\times\boldsymbol{0}=\boldsymbol{0}$；

（2）$\boldsymbol{b}\times\boldsymbol{a}=-\boldsymbol{a}\times\boldsymbol{b}$；

（3）结合律 $(\lambda\boldsymbol{a})\times\boldsymbol{b}=\lambda(\boldsymbol{a}\times\boldsymbol{b})=\boldsymbol{a}\times(\lambda\boldsymbol{b})$，其中 λ 是实数；

（4）分配律 $(\boldsymbol{a}+\boldsymbol{b})\times\boldsymbol{c}=\boldsymbol{a}\times\boldsymbol{c}+\boldsymbol{b}\times\boldsymbol{c}$.

特别地，对于基本单位向量 $\boldsymbol{i},\ \boldsymbol{j},\ \boldsymbol{k}$，有 $\begin{cases}\boldsymbol{i}\times\boldsymbol{i}=\boldsymbol{j}\times\boldsymbol{j}=\boldsymbol{k}\times\boldsymbol{k}=\boldsymbol{0},\\ \boldsymbol{i}\times\boldsymbol{j}=\boldsymbol{k},\ \boldsymbol{j}\times\boldsymbol{k}=\boldsymbol{i},\ \boldsymbol{k}\times\boldsymbol{i}=\boldsymbol{j},\end{cases}$ 于是对于向量 $\boldsymbol{a}=a_x\boldsymbol{i}+a_y\boldsymbol{j}+a_z\boldsymbol{k},\ \boldsymbol{b}=b_x\boldsymbol{i}+b_y\boldsymbol{j}+b_z\boldsymbol{k}$，我们有向量积的坐标表示式：

$$\begin{aligned}\boldsymbol{a}\times\boldsymbol{b}&=(a_x\boldsymbol{i}+a_y\boldsymbol{j}+a_z\boldsymbol{k})\times(b_x\boldsymbol{i}+b_y\boldsymbol{j}+b_z\boldsymbol{k})\\&=(a_yb_z-a_zb_y)\boldsymbol{i}-(a_xb_z-a_zb_x)\boldsymbol{j}+(a_xb_y-a_yb_x)\boldsymbol{k}.\end{aligned}$$

为了便于记忆，将 $\boldsymbol{a}\times\boldsymbol{b}$ 表示成三阶行列式的形式，即

$$\boldsymbol{a}\times\boldsymbol{b}=\begin{vmatrix}\boldsymbol{i}&\boldsymbol{j}&\boldsymbol{k}\\a_x&a_y&a_z\\b_x&b_y&b_z\end{vmatrix},$$

计算 $\boldsymbol{a}\times\boldsymbol{b}$ 时，可将三阶行列式按第一行展开.

又由向量积的坐标表示式知，$\boldsymbol{a}\times\boldsymbol{b}=\boldsymbol{0}$ 的充分必要条件是 $\dfrac{a_x}{b_x}=\dfrac{a_y}{b_y}=\dfrac{a_z}{b_z}$，这也是 $\boldsymbol{a}\,/\!/\,\boldsymbol{b}$ 的充要条件，即

$$\boldsymbol{a}\,/\!/\,\boldsymbol{b}\Leftrightarrow\boldsymbol{a}\times\boldsymbol{b}=\boldsymbol{0}\Leftrightarrow\frac{a_x}{b_x}=\frac{a_y}{b_y}=\frac{a_z}{b_z}\ .$$

例 8.7 设 $\boldsymbol{a}=(0,1,1),\boldsymbol{b}=(1,0,-1)$，求 $\boldsymbol{a}\times\boldsymbol{b}$ 及 $\boldsymbol{b}\times\boldsymbol{a}$.

解

$$a\times b=\begin{vmatrix} i & j & k \\ 0 & 1 & 1 \\ 1 & 0 & -1 \end{vmatrix}=\begin{vmatrix} 1 & 1 \\ 0 & -1 \end{vmatrix}i-\begin{vmatrix} 0 & 1 \\ 1 & -1 \end{vmatrix}j+\begin{vmatrix} 0 & 1 \\ 1 & 0 \end{vmatrix}k=-i+j-k;$$

$$b\times a=-a\times b=i-j+k.$$

例 8.8 已知$\triangle ABC$的顶点是$A(1,1,1)$, $B(0,1,0)$, $C(1,2,3)$，求$\triangle ABC$的面积.

解 由向量积定义知，$\triangle ABC$的面积为

$$S_{\triangle ABC}=\frac{1}{2}|\overrightarrow{AB}|\cdot|\overrightarrow{AC}|\cdot\sin\angle A=\frac{1}{2}|\overrightarrow{AB}\times\overrightarrow{AC}|.$$

因为$\overrightarrow{AB}=(-1,0,-1)$，$\overrightarrow{AC}=(0,1,2)$，

所以 $\overrightarrow{AB}\times\overrightarrow{AC}=\begin{vmatrix} i & j & k \\ -1 & 0 & -1 \\ 0 & 1 & 2 \end{vmatrix}=i+2j-k$.

$$S_{\triangle ABC}=\frac{1}{2}|\overrightarrow{AB}\times\overrightarrow{AC}|=\frac{1}{2}\sqrt{1^2+2^2+(-1)^2}=\frac{\sqrt{6}}{2}.$$

练习题 8.2

1．$a=(3,-2,1)$，$b=(p,-4,4)$，已知$a\perp b$，求p.

2．$a\cdot b\neq 0$，$2a+5b$与$a-b$垂直，$2a+3b$与$a-5b$垂直，求$(\hat{a,b})$.

3．非零向量a,b,c不共线，试证$a+b+c=0$的充要条件是$a\times b=b\times c=c\times a$.

4．$|a|=4,|b|=2,(\hat{a,b})=\frac{\pi}{3}$，求$|2a-3b|$.

5．已知$a=i+j-4k,b=2i-2j+k$，求$a\cdot b,a\times b,\mathrm{Prj}_a b$.

8.3 平面与直线

本节以向量知识为基础建立平面方程与空间直线方程，然后利用平面方程、直线方程研究平面、直线有关的问题.

8.3.1 平面的方程

1．平面的点法式方程

由中学的立体几何知道，过空间一点作与已知直线垂直的平面是唯一的，即平面上一点和垂直于该平面的一个非零向量确定这个平面的位置，由此我们建立平面方程.

定义 8.2 与平面垂直的非零向量称为该平面的**法向量**.

显然，一个平面的法向量有无穷多个，法向量与平面上任意向量垂直．通常用 $\boldsymbol{n}=(A,B,C)$，$\boldsymbol{n}_1=(A_1,B_1,C_1)$ 等来表示法向量．

设平面通过一定点 $M_0=(x_0,y_0,z_0)$，向量 $\boldsymbol{n}=(A,B,C)\neq\boldsymbol{0}$ 为它的一个法向量，如图 8-18 所示，$M=(x,y,z)$ 是平面上任意一点，则 $\overrightarrow{M_0M}=(x-x_0,y-y_0,z-z_0)$ 在平面上，故 $\boldsymbol{n}\perp\overrightarrow{M_0M}$，于是由向量垂直的充要条件知

$$\boldsymbol{n}\cdot\overrightarrow{M_0M}=0\ .$$

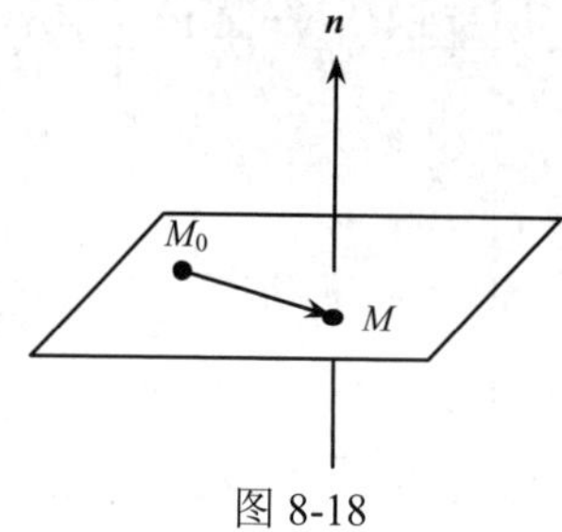

图 8-18

即

$$A(x-x_0)+B(y-y_0)+C(z-z_0)=0\ , \tag{8.4}$$

称方程（8.4）为平面的**点法式方程**.

例 8.9 求过点 $M_0(1,-1,2)$，且与平面 Π：$3x+y-z+1=0$ 平行的平面.

解 因为所求平面与平面 Π 具有相同的法向量，于是可取平面的法向量为

$$\boldsymbol{n}=(3,1,-1)\ ,$$

由（8.4）式得平面的点法式方程

$$3(x-1)+1(y+1)-(z-2)=0\ .$$

即

$$3x+y-z=0\ .$$

例 8.10 求过三点 $M_1(0,1,1)$，$M_2(1,2,3)$，$M_3(-2,0,3)$ 的平面方程.

解 因为 $\overrightarrow{M_1M_2}=(1,1,2),\overrightarrow{M_1M_3}=(-2,-1,2)$，

由向量积的定义知，向量积 $\overrightarrow{M_1M_2}\times\overrightarrow{M_1M_3}$ 与向量 $\overrightarrow{M_1M_2}$ 及 $\overrightarrow{M_1M_3}$ 都垂直，故可选它为平面的一个法向量

$$\boldsymbol{n}=\overrightarrow{M_1M_2}\times\overrightarrow{M_1M_3}=\begin{vmatrix}\boldsymbol{i}&\boldsymbol{j}&\boldsymbol{k}\\1&1&2\\-2&-1&2\end{vmatrix}=4\boldsymbol{i}-6\boldsymbol{j}+\boldsymbol{k}\ .$$

故所求平面方程为

$$4(x-0)-6(y-1)+(z-1)=0\ ,$$

即

$$4x-6y+z+5=0\ .$$

2. 平面的一般式方程

平面的点法式方程（8.4）可变成三元一次方程 $Ax+By+Cz+D=0$ 的形式．反之，对于任意的三元一次方程

$$Ax+By+Cz+D=0\,, \tag{8.5}$$

设 x_0, y_0, z_0 为该方程的一组解，则有

$$Ax_0+By_0+Cz_0+D=0\,. \tag{8.6}$$

由方程（8.5）减去等式（8.6），得方程

$$A(x-x_0)+B(y-y_0)+C(z-z_0)=0\,. \tag{8.7}$$

方程（8.7）与方程（8.5）同解，所表示的几何图形相同．

又方程（8.7）与平面的点法式方程（8.4）一样，故方程（8.5）表示一个以 $\boldsymbol{n}=(A,B,C)$ 为法向量的平面，并称方程（8.5）为平面的**一般式方程**．

特别地，对平面的一般式方程 $Ax+By+Cz+D=0$ ，有

（1）当 $D=0$ 时，平面通过坐标原点；

（2）当 $A=0$ 时，法向量 $\boldsymbol{n}=(0,B,C)$ 垂直于 x 轴，即平面平行于 x 轴；

同理， $B=0$ 或 $C=0$ 时，平面平行于 y 轴或平面平行于 z 轴；

（3）当 $A=D=0$ 时，平面过坐标原点且平行于 x 轴，即平面通过 x 轴；

（4）当 $A=B=0$ 时，平面同时平行于 x 轴、y 轴，即平面平行于面 xOy（或垂直于 z 轴）；

同理， $A=C=0$ 或 $B=C=0$ 时，则平面平行于面 zOx 或平行于面 yOz（垂直于 y 轴或垂直于 x 轴）；

（5）当 $A=B=D=0$ 时，方程即为 $z=0$，平面过原点且平行于面 xOy，即平面为 xOy 坐标面；

同理，$x=0$ 或 $y=0$ 分别表示 yOz 坐标面或 zOx 坐标面．

3. 平面的截距式方程

设平面在 x 轴，y 轴，z 轴上的交点分别为 $P(a,0,0)$，$Q(0,b,0)$，$R(0,0,c)$ $(abc\neq 0)$，如图 8-19 所示，称 a, b, c 为平面在 x 轴，y 轴，z 轴上的截距，利用平面的一般式方程，可得平面方程为

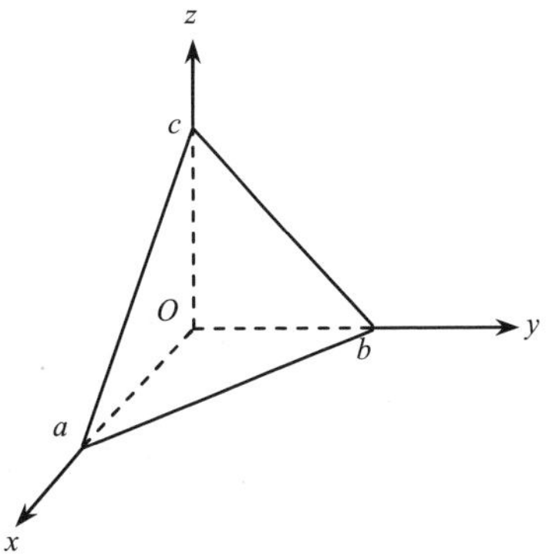

图 8-19

$$\frac{x}{a}+\frac{y}{b}+\frac{z}{c}=1\,, \tag{8.8}$$

称方程（8.8）为平面的截距式方程．

8.3.2 直线的方程

1. 直线的点向式方程及参数方程

由立体几何知，过空间中一点作与已知直线平行的直线是唯一的，即直线上一点及与直线平行的某一向量确定这个直线的位置，由此我们建立直线方程.

定义 8.3 与直线平行的非零向量，称为直线的**方向向量**.

显然，一条直线的方向向量有无穷多个，且它们之间相互平行，方向向量与直线上的任意向量平行. 通常用 $\boldsymbol{s}=(m,n,p)$，$\boldsymbol{s}_1=(m_1,n_1,p_1)$ 等来表示方向向量.

设直线过一定点 $M_0(x_0,y_0,z_0)$，向量 $\boldsymbol{s}=(m,n,p)$ 为它的一个方向向量，如图 8-20 所示，$M(x,y,z)$ 是直线上任意一点，则 $\overrightarrow{M_0M}=(x-x_0,y-y_0,z-z_0)$ 在直线上，故 $\overrightarrow{M_0M}\parallel\boldsymbol{s}$，于是由向量平行的充要条件知

$$\frac{x-x_0}{m}=\frac{y-y_0}{n}=\frac{z-z_0}{p}, \tag{8.9}$$

称方程（8.9）为直线的**点向式方程**（又称**对称式方程**）.

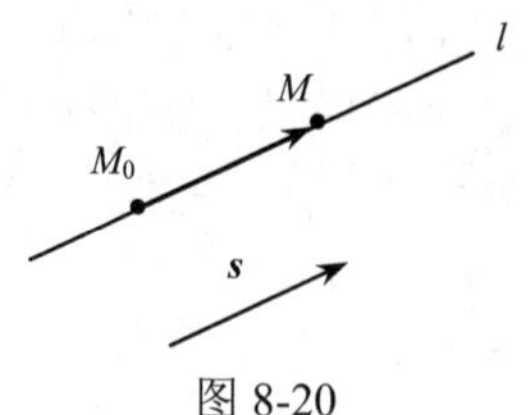

图 8-20

如果引入变量 t，令 $\frac{x-x_0}{m}=\frac{y-y_0}{n}=\frac{z-z_0}{p}=t$，则有

$$\begin{cases}x=x_0+mt,\\ y=y_0+nt,\\ z=z_0+pt,\end{cases} \tag{8.10}$$

称方程组（8.10）为直线的**参数式方程**，t 为参数.

注意：（1）由直线的点向式方程，容易得到直线的方向向量和通过的一点；

（2）由直线的参数式方程，根据不同的参数值，可确定直线上不同的点.

2. 直线的一般式方程

由于空间直线可看作某两个平面的交线，故两个相交平面 $A_1x+B_1y+C_1z+D_1=0$ 与 $A_2x+B_2y+C_2z+D_2=0$ 确定一条直线，其方程为

$$\begin{cases}A_1x+B_1y+C_1z+D_1=0,\\ A_2x+B_2y+C_2z+D_2=0,\end{cases} \tag{8.11}$$

其中系数 A_1,B_1,C_1 与 A_2,B_2,C_2 不成比例.

称方程组（8.11）为直线的一般式方程.

注意：直线的点向式方程与一般式方程可以相互转化，将点向式方程中的两个等式联立，可得直线的一般式方程，从直线的一般式方程中只要确定直线的方向向量和直线上的一点，就能将一般式方程转化成点向式方程.

例 8.11 将直线 l 的一般式方程 $\begin{cases}3x-2y+z+1=0,\\ 2x+y-z-2=0\end{cases}$ 化为点向式方程和参数方程.

解 解法一：先在直线 l 上找一点 $M_0(x_0,y_0,z_0)$，取 $x_0=0$，将 $M_0(0,y_0,z_0)$ 代入直线 l 的一般式方程得 $\begin{cases}-2y_0+z_0+1=0,\\ y_0-z_0-2=0\end{cases}$ 解出 $y_0=-1$, $z_0=-3$.

则点 $(0,-1,-3)$ 在直线 l 上.

又因为直线 l 与两平面的法向量 $\boldsymbol{n}_1=(3,-2,1)$, $\boldsymbol{n}_2=(2,1,-1)$ 垂直，故可取直线 l 的方向向量为

$$\boldsymbol{s}=\boldsymbol{n}_1\times\boldsymbol{n}_2=\begin{vmatrix}\boldsymbol{i} & \boldsymbol{j} & \boldsymbol{k}\\ 3 & -2 & 1\\ 2 & 1 & -1\end{vmatrix}=\boldsymbol{i}+5\boldsymbol{j}+7\boldsymbol{k}\ ,$$

所以，所求直线 l 的点向式方程为 $\dfrac{x}{1}=\dfrac{y+1}{5}=\dfrac{z+3}{7}$.

解法二：从所给方程组 $\begin{cases}3x-2y+z+1=0,\\ 2x+y-z-2=0\end{cases}$ 中分别消去变量 y , z ，得

$$7x-z-3=0 \text{ 和 } 5x-y-1=0\ .$$

上两式可变形为 $x=\dfrac{z+3}{7}$ 和 $x=\dfrac{y+1}{5}$.

于是直线 l 的点向式方程为 $\dfrac{x}{1}=\dfrac{y+1}{5}=\dfrac{z+3}{7}$.

由此可得出参数方程为 $\begin{cases}x=t,\\ y=-1+5t,\\ z=-3+7t,\end{cases}$ （t 为参数）.

8.3.3 平面方程与直线方程的应用

1. 平面与平面的位置关系

设平面 π_1 , π_2 的方程分别为 $A_1x+B_1y+C_1z+D_1=0$, $A_2x+B_2y+C_2z+D_2=0$ ，它们的法向量分别为 $\boldsymbol{n}_1=(A_1,B_1,C_1)$, $\boldsymbol{n}_2=(A_2,B_2,C_2)$ ，则

（1） $\pi_1 /\!/ \pi_2 \Leftrightarrow \boldsymbol{n}_1 /\!/ \boldsymbol{n}_2 \Leftrightarrow \dfrac{A_1}{A_2}=\dfrac{B_1}{B_2}=\dfrac{C_1}{C_2}$ ；

（2） $\pi_1 \perp \pi_2 \Leftrightarrow \boldsymbol{n}_1 \perp \boldsymbol{n}_2 \Leftrightarrow A_1A_2+B_1B_2+C_1C_2=0$ ；

（3）若平面 π_1 与 π_2 斜交（两个非重合的平面既不平行又不垂直，称为两个平面**斜交**），如图 8-21 所示，设它们的法向量 $\boldsymbol{n}_1$ 与 $\boldsymbol{n}_2$ 的夹角为 θ_1 ，则两平面 π_1 与

π_2 的夹角 θ 为 θ_1 或补角 $\pi-\theta_1$ 中的锐角，于是

$$\cos\theta=|\cos\theta_1|=\frac{|\boldsymbol{n}_1\cdot\boldsymbol{n}_2|}{|\boldsymbol{n}_1||\boldsymbol{n}_2|}$$
$$=\frac{|A_1A_2+B_1B_2+C_1C_2|}{\sqrt{A_1^2+B_1^2+C_1^2}\sqrt{A_2^2+B_2^2+C_2^2}}.$$

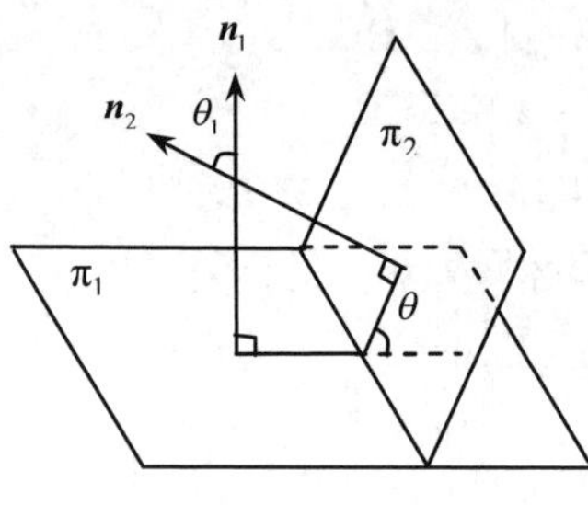

图 8-21

例 8.12 求平面 $\pi_1: x+y-2z-1=0$ 和 $\pi_2: 2x-y-z-2=0$ 的夹角.

解 由两平面夹角公式得

$$\cos\theta=\frac{|1\times2+1\times(-1)+(-2)\times(-1)|}{\sqrt{1^2+1^2+(-2)^2}\cdot\sqrt{2^2+(-1)^2+(-1)^2}}=\frac{1}{2},$$

所以，两平面的夹角 $\theta=\dfrac{\pi}{3}$.

2. 直线与直线的位置关系

设两直线 L_1,L_2 的方程分别为 $\dfrac{x-x_1}{m_1}=\dfrac{y-y_1}{n_1}=\dfrac{z-z_1}{p_1},\dfrac{x-x_2}{m_2}=\dfrac{y-y_2}{n_2}=\dfrac{z-z_2}{p_2}$，它们的方向向量分别为 $\boldsymbol{s}_1=(m_1,n_1,p_1)$，$\boldsymbol{s}_2=(m_2,n_2,p_2)$，则

（1）$L_1 /\!/ L_2 \Leftrightarrow \boldsymbol{s}_1 /\!/ \boldsymbol{s}_2 \Leftrightarrow \dfrac{m_1}{m_2}=\dfrac{n_1}{n_2}=\dfrac{p_1}{p_2}$；

（2）$L_1\perp L_2\Leftrightarrow \boldsymbol{s}_1\perp\boldsymbol{s}_2\Leftrightarrow m_1m_2+n_1n_2+p_1p_2=0$；

（3）若直线 L_1 与 L_2 斜交，设它们的夹角为 θ，则 θ 为它们的方向向量 $\boldsymbol{s}_1$ 与 $\boldsymbol{s}_2$ 的夹角 θ_1 或补角 $\pi-\theta_1$ 中的一个锐角，即

$$\cos\theta=|\cos\theta_1|=\frac{|\boldsymbol{s}_1\cdot\boldsymbol{s}_2|}{|\boldsymbol{s}_1||\boldsymbol{s}_2|}=\frac{|m_1m_2+n_1n_2+p_1p_2|}{\sqrt{m_1^2+n_1^2+p_1^2}\sqrt{m_2^2+n_2^2+p_2^2}}.$$

例 8.13 已知两直线方程分别为 $L_1:\dfrac{x-1}{1}=\dfrac{y-2}{-1}=\dfrac{z+1}{3}$，$L_2:\dfrac{x}{3}=\dfrac{y+1}{1}=\dfrac{z-2}{-1}$，求 L_1 与 L_2 间的夹角 θ.

解 直线 L_1,L_2 的方向向量分别为 $\boldsymbol{s}_1=(1,-1,3)$，$\boldsymbol{s}_2=(3,1,-1)$，

由两直线夹角公式知，$\cos\theta = \dfrac{|1\times 3+(-1)\times 1+3\times(-1)|}{\sqrt{1^2+(-1)^2+3^2}\sqrt{3^2+1^2+(-1)^2}} = \dfrac{1}{11}$，

所以 L_1 与 L_2 间的夹角 $\theta = \arccos\dfrac{1}{11}$.

3．直线与平面的位置关系

设直线 L，平面 π 的方程分别为 $\dfrac{x-x_0}{m}=\dfrac{y-y_0}{n}=\dfrac{z-z_0}{p}$，$Ax+By+Cz+D=0$．它们的方向向量和法向量分别为 $\boldsymbol{s}=(m,n,p), \boldsymbol{n}=(A,B,C)$，则

（1）$L /\!/ \pi \Leftrightarrow \boldsymbol{s}\perp\boldsymbol{n} \Leftrightarrow Am+Bn+Cp=0$；

（2）$L\perp\pi \Leftrightarrow \boldsymbol{s} /\!/ \boldsymbol{n} \Leftrightarrow \dfrac{A}{m}=\dfrac{B}{n}=\dfrac{C}{p}$；

（3）若直线 L 与平面 π 斜交，直线 L 与平面 π 的夹角为直线 L 与它在平面 π 上的投影直线 l 的夹角 $\varphi\left(0<\varphi<\dfrac{\pi}{2}\right)$．设 θ 为直线 L 的方向向量 $\boldsymbol{s}$ 与平面法向量 $\boldsymbol{n}$ 的夹角，如图 8-22 所示，则

$$\sin\varphi = |\cos\theta| = \frac{|\boldsymbol{n}\cdot\boldsymbol{s}|}{|\boldsymbol{n}|\cdot|\boldsymbol{s}|} = \frac{|Am+Bn+Cp|}{\sqrt{A^2+B^2+C^2}\sqrt{m^2+n^2+p^2}}.$$

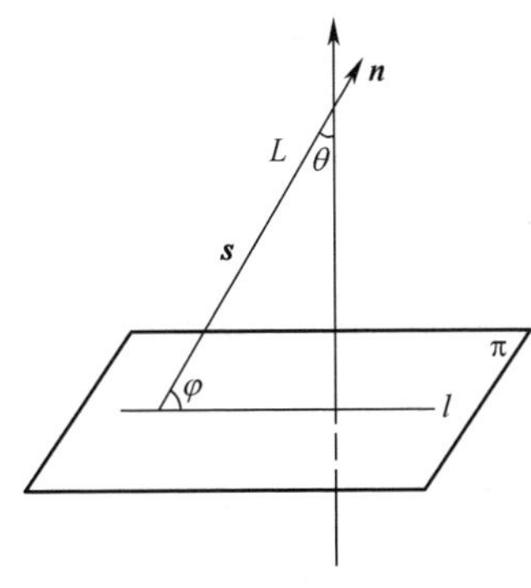

图 8-22

例 8.14 求过点 $M(-1,2,1)$ 且平行于两平面 $\pi_1: 5x-3y+3z-1=0$，$\pi_2: 3x-2y+z-1=0$ 的直线 L 的方程．

解 因为平面 π_1, π_2 的法向量分别为 $\boldsymbol{n}_1=(5,-3,3), \boldsymbol{n}_2=(3,-2,1)$，且 $L /\!/ \pi_1$，$L /\!/ \pi_2$，

所以可取直线 L 的方向向量为

$$s = n_1 \times n_2 = \begin{vmatrix} i & j & k \\ 5 & -3 & 3 \\ 3 & -2 & 1 \end{vmatrix} = 3i + 4j - k,$$

于是所求直线 L 的方程为 $\dfrac{x+1}{3} = \dfrac{y-2}{4} = \dfrac{z-1}{-1}$.

4. 点到平面的距离公式

设平面 π 的方程为

$$Ax + By + Cz + D = 0,$$

点 $P_0(x_0, y_0, z_0)$ 是平面外的一点，如图 8-23 所示，在平面 π 上任取一点 $P_1(x_1, y_1, z_1)$，则向量

$$\overrightarrow{P_1P_0} = (x_0 - x_1, y_0 - y_1, z_0 - z_1).$$

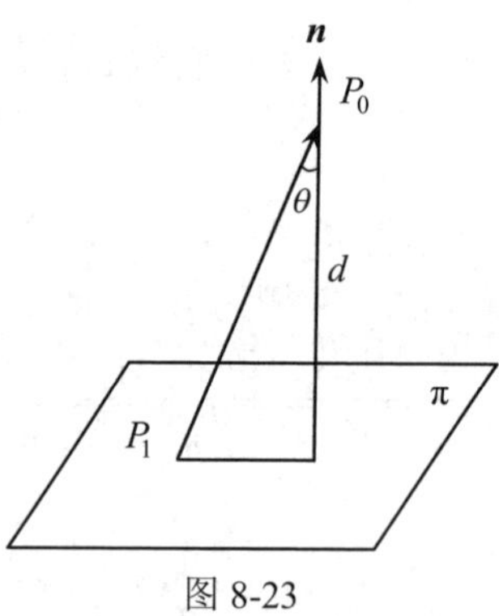

图 8-23

设 $\overrightarrow{P_1P_0}$ 与平面 π 的法向量 $n = (A, B, C)$ 的夹角为 θ，则点 P_0 到平面 π 的距离 d 为

$$d = \left|\left|\overrightarrow{P_1P_0}\right|\cos\theta\right|.$$

又由

$$\cos\theta = \frac{\overrightarrow{P_1P_0} \cdot n}{\left|\overrightarrow{P_1P_0}\right||n|},$$

得

$$d = \frac{\left|\overrightarrow{P_1P_0} \cdot n\right|}{|n|} = \frac{|A(x_0 - x_1) + B(y_0 - y_1) + C(z_0 - z_1)|}{\sqrt{A^2 + B^2 + C^2}}.$$

又 $P_1(x_1, y_1, z_1)$ 在平面 π 上，所以

$$Ax_1 + By_1 + Cz_1 + D = 0.$$

代入上式，得点 P_0 到平面 π 的距离为

$$d=\frac{|Ax_0+By_0+Cz_0+D|}{\sqrt{A^2+B^2+C^2}}.$$

另外，由点到平面的距离公式可以计算出两平行平面的距离.

设平面 π_1 平行于平面 π_2，其方程分别为 $Ax+By+Cz+D_1=0$，$Ax+By+Cz+D_2=0$，$M_0=(x_0,y_0,z_0)$ 为平面 π_1 上任意一点，则点 M_0 到平面 π_2 的距离 d 即为平面 π_1 与平面 π_2 间的距离 d，于是

$$d=\frac{|Ax_0+By_0+Cz_0+D_2|}{\sqrt{A^2+B^2+C^2}}.$$

又点 $M_0=(x_0,y_0,z_0)$ 在平面 π_1 上，故 $Ax_0+By_0+Cz_0+D_1=0$.

所以两平行平面 π_1,π_2 间的距离 $d=\dfrac{|D_2-D_1|}{\sqrt{A^2+B^2+C^2}}$.

例 8.15 求点 $M(0,2,1)$ 到平面 $2x-y+z-1=0$ 的距离.

解 由点到平面的距离公式可知 $d=\dfrac{|2\times0-1\times2+1\times1-1|}{\sqrt{2^2+(-1)^2+1^2}}=\dfrac{\sqrt{6}}{3}$.

练习题 8.3

1. 求过点 $(1,2,1)$ 且垂直于两平面 $x+y=0$，$5y+z=0$ 的平面方程.
2. 求过点 $M_0(2,4,0)$ 且与直线 $\begin{cases}x+2z-1=0,\\y-3z-2=0\end{cases}$ 平行的直线方程.
3. 求过点 $M_1(1,2,0)$、$M_2(3,7,-3)$ 且平行于向量 $\boldsymbol{s}=(-2,-1,1)$ 的平面方程.
4. 直线 $x-1=\dfrac{y+2}{2}=\dfrac{z-1}{\lambda}$ 垂直于平面 $3x+6y+3z+25=0$，求 λ.
5. 求通过直线 $\dfrac{x-1}{2}=\dfrac{y+2}{3}=\dfrac{z+3}{4}$ 且平行于直线 $x=y=\dfrac{z}{2}$ 的平面方程.
6. 求点 $(1,2,3)$ 到直线 $\dfrac{x}{1}=\dfrac{y-4}{-3}=\dfrac{z-3}{-2}$ 的距离.
7. 求 k，使平面 $x+ky-2z=9$ 与平面 $2x+4y+3z=3$ 垂直.
8. 求经过点 $(0,2,4)$ 且与两平面 $x+2z=1$ 和 $y-3z=2$ 平行的直线方程.
9. 将直线方程 $\begin{cases}x+y=0,\\2x+z=0\end{cases}$ 化成点向式方程.
10. 求过点 $P(3,1,-2)$ 和直线 $L:\dfrac{x-1}{2}=\dfrac{y+2}{1}=\dfrac{z}{-3}$ 的平面方程.
11. 求过点 $P_0(2,1,-1)$ 且在 x 轴和 y 轴上截距分别为 2 和 1 的平面方程.
12. 求过点 $M_1(3,-2,1)$ 与 $M_2(-1,0,2)$ 的直线方程.

13. 求直线 $L_1:\dfrac{x-1}{1}=\dfrac{y}{1}=\dfrac{z+3}{-2}$ 与直线 $L_2:\dfrac{x-1}{2}=\dfrac{y}{-1}=\dfrac{z+3}{1}$ 间的夹角.

14. 求直线 $L:\dfrac{x-2}{1}=\dfrac{y-3}{1}=\dfrac{z-4}{2}$ 与平面 $\pi:2x+y+z-6=0$ 的夹角.

8.4 曲面与曲线

本节介绍曲面及其方程，研究曲面的形状和特征，着重介绍一些常见的二次曲面，最后讨论空间曲线及其方程.

8.4.1 几种常见的曲面及其方程

空间中的曲面可以看作是按一定规律运动的点的轨迹，由于空间中的点要用有序三元数组 (x, y, z) 确定它的位置，因此用于描述空间中点的运动轨迹的方程为三元方程 $F(x,y,z)=0$.

定义 8.4 在空间直角坐标系 $O-xyz$ 中，如果曲面 S 与三元方程 $F(x,y,z)=0$ 满足下列条件：

（1）曲面 S 上任意点的坐标一定都满足三元方程 $F(x,y,z)=0$;

（2）不在曲面 S 上的点的坐标一定都不满足三元方程 $F(x,y,z)=0$.

则称三元方程 $F(x,y,z)=0$ 为曲面 S 的方程，曲面 S 是三元方程 $F(x,y,z)=0$ 的几何图形.

1. 球面

在空间直角坐标系中，到一个定点的距离等于定长的点的集合称为**球面**. 定点称为球心，定长称为球面半径.

若球心为 $M_0(x_0,y_0,z_0)$ ，半径为 R ， $M(x,y,z)$ 为球面上任意一点，则 $|M_0M|=R$ ，即

$$(x-x_0)^2+(y-y_0)^2+(z-z_0)^2=R^2 . \tag{8.12}$$

这就是球面方程.

容易验证，球面上的点都满足方程（8.12），不在球面上的点都不满足方程（8.12）.

一般地，三元二次方程 $x^2+y^2+z^2+Ax+By+Cz+D=0$ 表示球心为 $\left(-\dfrac{A}{2},-\dfrac{B}{2},-\dfrac{C}{2}\right)$ ，半径为 $R=\dfrac{1}{2}\sqrt{A^2+B^2+C^2-4D}$ $(A^2+B^2+C^2-4D>0)$ 的球面，该方程称为球面的一般方程.

2. 柱面

设有一条定曲线 C 和定直线 l ，现有一条动直线 L 平行定直线 l ，并沿定曲线 C 平行移动，这条动直线 L 所形成的曲面称为**柱面**，其中定曲线 C 称为柱面的**准**

线，动直线 L 称为柱面的**母线**，如图 8-24 所示.

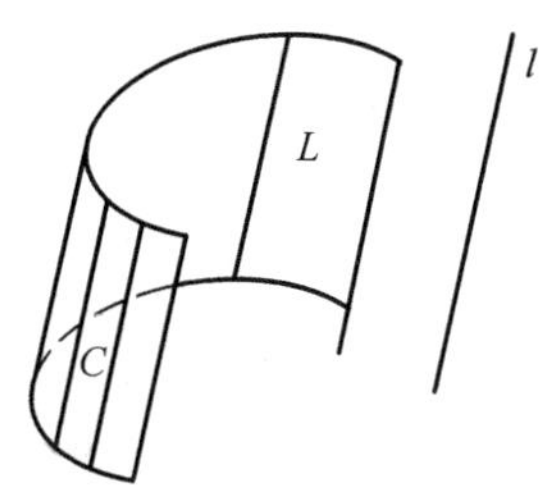

图 8-24

这里侧重讨论母线平行于坐标轴的柱面.

设柱面的准线是 xOy 面上的曲线 $C:F(x,y)=0$，母线平行于 z 轴，如图 8-25 所示. 对于柱面上任意一点 $M(x,y,z)$，过 M 作与 z 轴平行的直线，交曲线 C 于点 $M_1(x,y,0)$，由于 M_1 在曲线 C 上，故坐标 x , y 满足二元方程 $F(x,y)=0$，而过一个不在柱面上的点作与 z 轴平行的直线，则该直线与曲线 C 无交点，其坐标自然也不满足二元方程 $F(x,y)=0$，因此，由曲面方程的定义知，二元方程 $F(x,y)=0$ 表示一个以 xOy 面上的曲线 $C:F(x,y)=0$ 为准线，母线平行于 z 轴的柱面. 显然，柱面的形状依赖于准线的形状.

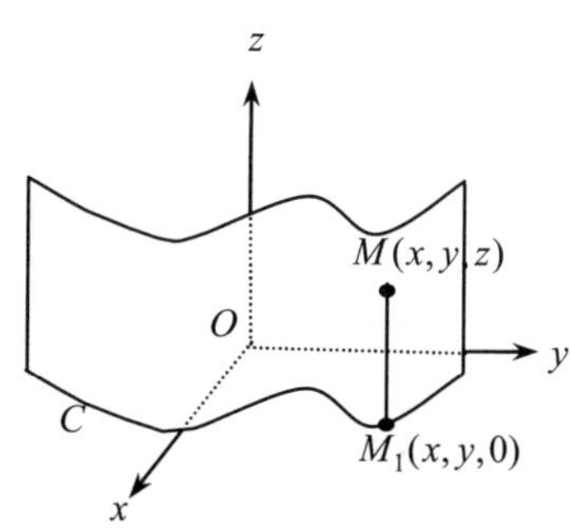

图 8-25

类似地，以 yOz 面上的曲线 $G(y,z)=0$ 为准线，母线平行于 x 轴的柱面方程为 $G(y,z)=0$；以 zOx 面上的曲线 $H(x,z)=0$ 为准线，母线平行于 y 轴的柱面方程为 $H(x,z)=0$.

例如，$z^2=2x$ 表示以 zOx 上的抛物线 $z^2=2x$ 为准线，母线平行于 y 轴的抛物柱面；$\dfrac{y^2}{b^2}-\dfrac{z^2}{c^2}=1$ 表示以 yOz 上的双曲线 $\dfrac{y^2}{b^2}-\dfrac{z^2}{c^2}=1$ 为准线，母线平行于 x 轴的双曲柱面；特别地，$x+y=1$ 表示准线为 xOy 面上的直线 $x+y=1$，母线平行于 z 轴的柱面，也即平面.

3. 旋转曲面

一条曲线 C 绕一条定直线 l 旋转一周所成的曲面称为**旋转曲面**，曲线 C 叫做旋转曲面的母线，定直线 l 叫做旋转曲面的轴（或旋转轴）.

我们主要讨论母线是坐标面上的平面曲线，旋转轴是该坐标面上的一条坐标轴的旋转曲面.

设旋转曲面 S 的母线是 yOz 面上的平面曲线 C，它的方程为

$$\begin{cases} f(y,z)=0, \\ x=0. \end{cases}$$

把此曲线绕 z 轴旋转一周，就得到一个以 z 轴为旋转轴的旋转曲面，如图 8-26 所示.

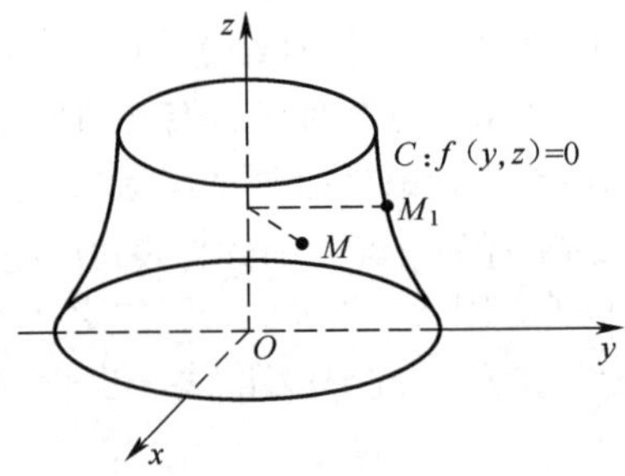

图 8-26

设 $M_1(0,y_1,z_1)$ 为曲线上任意一点，则有

$$f(y_1,z_1)=0\,.$$

当曲线 C 绕 z 轴旋转时，点 M_1 也绕 z 轴旋转到另一点 $M(x,y,z)$，这时 $z=z_1$ 保持不变，且点 M 到 z 轴的距离 d 恒等于 $|y_1|$，又 $d=\sqrt{x^2+y^2}$，所以 $y_1=\pm\sqrt{x^2+y^2}$，于是 $f(y_1,z_1)=0$ 即为

$$f(\pm\sqrt{x^2+y^2},z)=0\,.$$

由此可知，曲线 C 绕 z 轴旋转所得的旋转曲面方程即为将 $f(y,z)=0$ 中的变量 z 保持不变，将 y 代以 $\pm\sqrt{x^2+y^2}$ 所得.

同理，曲线 C 绕 y 轴旋转所得的曲面的方程为

$$f(y,\pm\sqrt{x^2+z^2})=0\,.$$

其他坐标面上的曲线绕该坐标面上的一个坐标轴旋转所成的旋转曲面的方程也可用此方法得到.

例 8.16 将 yOz 坐标面的直线 $z=ay(a>0)$ 绕 z 轴旋转一周，求所生成的旋转曲面的方程.

解 方程 $z=ay$ 中的变量 z 不变，y 代以 $\pm\sqrt{x^2+y^2}$，得到所生成的旋转曲面

的方程为 $z=\pm a\sqrt{x^2+y^2}$，

或

$$z^2=a^2(x^2+y^2)$$（图形为圆锥面，如图 8-27 所示）.

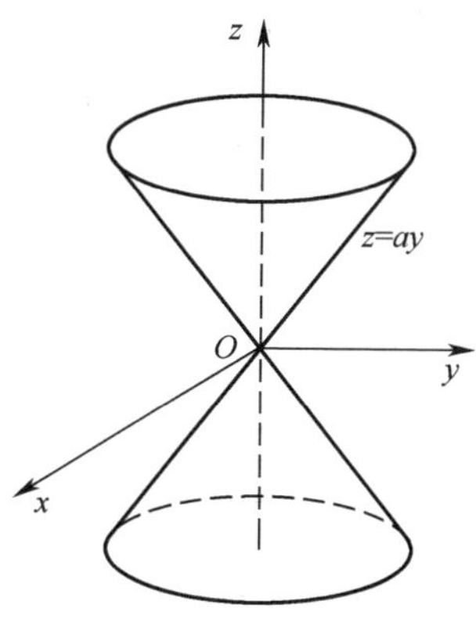

图 8-27

例 8.17 求 yOz 坐标面上的抛物线 $z=\dfrac{y^2}{p^2}$ 绕 z 轴旋转一周所生成的旋转曲面的方程.

解 方程 $z=\dfrac{y^2}{p^2}$ 中的变量 z 不变，y 代以 $\pm\sqrt{x^2+y^2}$，得到所生成的旋转曲面的方程为 $z=\dfrac{x^2}{p^2}+\dfrac{y^2}{p^2}$，

或

$$z=\frac{1}{p^2}(x^2+y^2)$$（图形为旋转抛物面，如图 8-28 所示）.

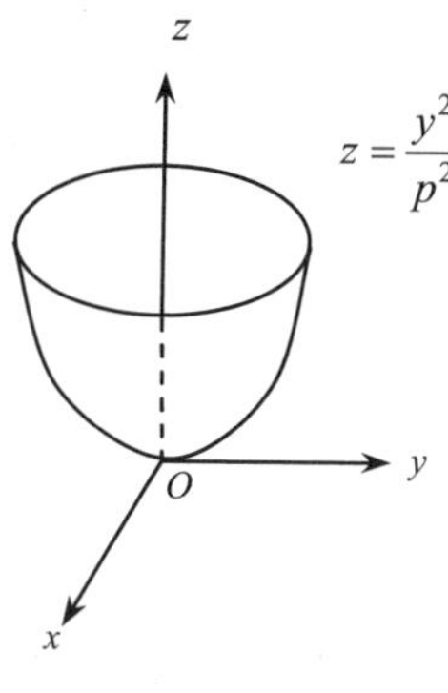

图 8-28

例 8.18 求 yOz 面上的双曲线 $\frac{y^2}{a^2}-\frac{z^2}{c^2}=1$ 分别绕 y 轴、z 轴旋转一周所生成的旋转曲面的方程.

解 由平面曲线绕某轴旋转所生成的旋转曲面方程中该坐标所对应的变量不变，得绕 z 轴旋转所生成的曲面的方程为

$\frac{x^2}{a^2}+\frac{y^2}{a^2}-\frac{z^2}{c^2}=1$（图形为旋转单叶双曲面，如图 8-29 所示）；

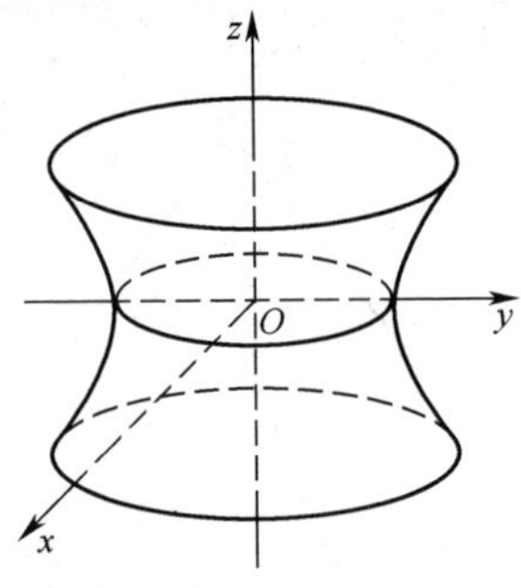

图 8-29

绕 y 轴旋转所生成的旋转曲面的方程为

$-\frac{x^2}{c^2}+\frac{y^2}{a^2}-\frac{z^2}{c^2}=1$（图形为旋转双叶双曲面，如图 8-30 所示）.

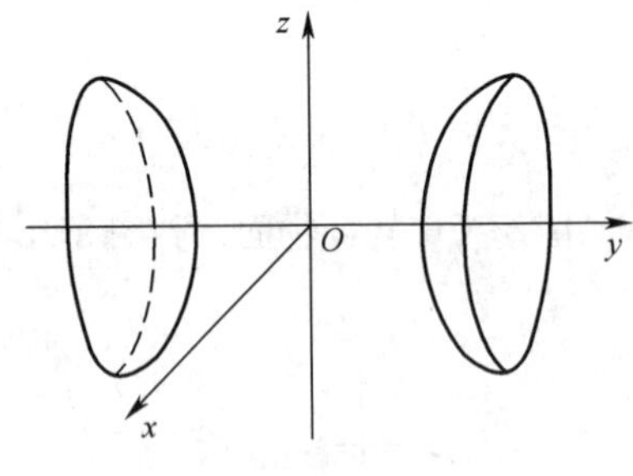

图 8-30

4. 二次曲面

三元二次方程表示的曲面称为二次曲面．由于平面方程是一次的，所以平面也称作一次曲面.

（1）圆锥面与椭圆锥面

方程 $z^2=\frac{x^2}{a^2}+\frac{y^2}{b^2}$（$a>0,b>0$，且 $a\neq b$）所表示的曲面为椭圆锥面，用垂直

于 z 轴的平面去截曲面（除 xOy 面外），得到的交线都是椭圆，图形类似于图 8-27，当 $a=b$ 时，椭圆锥面就是圆锥面.

（2）椭球面

方程 $\frac{x^2}{a^2}+\frac{y^2}{b^2}+\frac{z^2}{c^2}=1$（$a>0, b>0, c>0$ 且 $a \neq b \neq c$）所表示的曲面为椭球面，如图 8-31 所示，用垂直于坐标轴的平面去截椭球面（除端点外），交线都是椭圆.

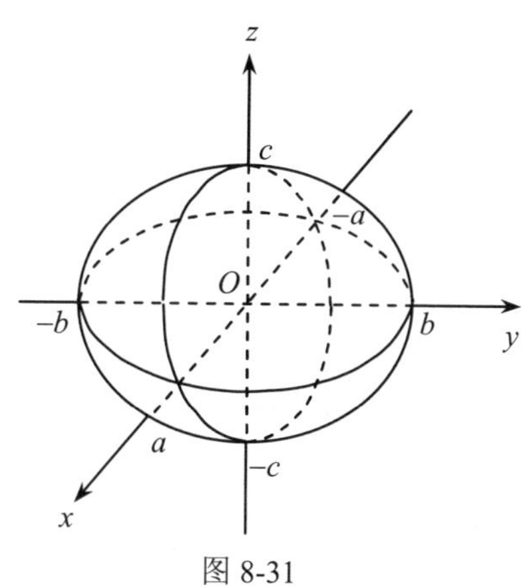

图 8-31

当 $a=b=c$ 时，方程即为球面方程 $x^2+y^2+z^2=a^2$，可见，球面是椭球面的特例.

（3）双曲面

方程 $\frac{x^2}{a^2}+\frac{y^2}{b^2}-\frac{z^2}{c^2}=1$ 所表示的曲面称为单叶双曲面，形状类似于图 8-29，用垂直于 x 轴、y 轴的平面去截曲面，得到的交线都是双曲线.

方程 $-\frac{x^2}{a^2}+\frac{y^2}{b^2}-\frac{z^2}{c^2}=1$ 所表示的曲面称为双叶双曲面，形状类似于图 8-30.

（4）椭圆抛物面

方程 $z=\frac{x^2}{p}+\frac{y^2}{q}$（$p, q$ 同号，且 $p \neq q$）所表示的曲面称为椭圆抛物面，其形状类似于图 8-28，用垂直于 z 轴的平面去截曲面（除端点外），交线都是椭圆.

8.4.2 空间曲线及其方程

1. 空间曲线的一般式方程

类似于空间直线，空间曲线可看作某两个曲面的交线，故两个相交曲面 $F(x,y,z)=0$ 与 $G(x,y,z)=0$ 确定一条曲线，其方程为

$$\begin{cases}F(x,y,z)=0,\\G(x,y,z)=0,\end{cases} \tag{8.13}$$

称方程组（8.13）为空间曲线的**一般式方程**.

例如，旋转抛物面 $z=x^2+y^2$ 与圆柱面 $x^2+y^2=1$ 的交线方程为

$$\begin{cases}z=x^2+y^2,\\x^2+y^2=1.\end{cases}$$

它表示在平面 $z=1$ 上的单位圆 $x^2+y^2=1$.

2. 空间曲线的参数方程

类似空间直线的参数方程，空间曲线也可以用参数方程表示.

一般地，空间曲线的参数方程为

$$\begin{cases}x=x(t),\\y=y(t),\ (\alpha\leqslant t\leqslant\beta).\\z=z(t),\end{cases} \tag{8.14}$$

对于给定的 $t=t_0$，对应于曲线上的一点 $M_0(x(t_0),y(t_0),z(t_0))$，当 t 在 $[a,\beta]$ 上变化时，点 $M(x(t),\ y(t),\ z(t))$ 也在曲线上变动，且跑遍曲线上所有的点，因此（8.14）式表示该曲线.

3. 空间曲线在坐标面上的投影

设空间曲线 C 的方程为

$$\begin{cases}F(x,y,z)=0,\\G(x,y,z)=0.\end{cases} \tag{8.15}$$

过曲线 C 上每一点作 xOy 面的垂线，这些垂线形成了一个母线平行于 z 轴且通过曲线 C 的柱面，称这个柱面为曲线 C 关于 xOy 面的投影柱面. 此柱面与 xOy 面的交线称为曲线 C 在 xOy 面上的投影（曲线）.

方程组（8.15）中消去变量 z，得方程

$$H(x,y)=0. \tag{8.16}$$

它表示母线平行于 z 轴且包含曲线 C 的柱面，因此（8.16）式表示曲线 C 关于 xOy 面的投影柱面的方程. 于是曲线 C 在 xOy 面上的投影方程为

$$\begin{cases}H(x,y)=0,\\z=0.\end{cases}$$

同理，从曲线 C 的方程（8.15）中消去变量 x 或 y，得到方程：$R(y,z)=0$ 或 $T(x,z)=0$，它们分别为曲线 C 关于 yOz 面和 zOx 面的投影柱面方程，因此

$$\begin{cases}R(y,z)=0,\\x=0,\end{cases} \text{和} \begin{cases}T(x,z)=0,\\y=0.\end{cases}$$

分别是曲线 C 在 yOz 面和 zOx 面上的投影（曲线）方程.

例 8.19 求曲线 Γ ：$\begin{cases} x^2+y^2+z^2=5, \\ z=1 \end{cases}$ 关于 xOy 面的投影柱面及投影方程.

解 方程组 $\begin{cases} x^2+y^2+z^2=5, \\ z=1 \end{cases}$ 中消去变量 z，即得曲线 Γ 关于 xOy 面的投影柱面方程 $x^2+y^2=4$（图形为圆柱面）.

于是曲线 Γ 在 xOy 面的投影方程为 $\begin{cases} x^2+y^2=4, \\ z=0. \end{cases}$

练习题 8.4

1. 求方程 $x^2+y^2+z^2-4x-2y+2z+5=0$ 的球心和球面半径.
2. 求曲线 $\dfrac{x^2}{a^2}-\dfrac{z^2}{c^2}=1$ 绕 x 轴旋转所得的旋转曲面方程.
3. 求曲线 $\begin{cases} x^2+y^2-z^2=1, \\ x-z+3=0 \end{cases}$ 在 xOy 面上的投影柱面方程.
4. 已知一条直径的两个端点为 $(2,-3,5)$ 和 $(4,1,-3)$，求此球面方程.
5. 指出下列方程在空间直角坐标系下都表示什么曲面？

（1）$x^2+\dfrac{y^2}{4}+\dfrac{z^2}{9}=1$；（2）$\dfrac{x^2}{4}+\dfrac{y^2}{9}=z$；

（3）$x^2-\dfrac{y^2}{4}-\dfrac{z^2}{4}=1$；（4）$x^2+y^2-\dfrac{z^2}{9}=0$；

（5）$x^2-y^2+1=0$；（6）$x^2-y^2+2z=0$.

习题八

1. 已知 $\boldsymbol{a}=(1,1,-1)$，$\boldsymbol{b}=(1,-1,1)$，求 $\boldsymbol{a}\cdot\boldsymbol{b}$，$\mathrm{Prj}_{\boldsymbol{a}}\boldsymbol{b}$.
2. 已知 $\boldsymbol{a}=(2,1,-1)$，$\boldsymbol{b}=(1,-1,2)$，求 $\boldsymbol{a}\times\boldsymbol{b}$.
3. 求过点 $(-2,-2,2)$、$(1,1,-1)$、$(1,-1,2)$ 三点的平面方程.
4. 设平面通过点 $(5,-7,4)$，且在三坐标轴上截距相等，求此平面方程.
5. 将直线 l 的一般方程 $\begin{cases} 2x-y-z+3=0, \\ 3x+4y-z-2=0 \end{cases}$ 化为点向式方程与参数方程.
6. 求过点 $(1,2,-1)$，且与直线 $\dfrac{x-2}{-1}=\dfrac{y+4}{3}=\dfrac{z+1}{1}$ 垂直的平面方程.
7. 求过点 $(3,0,-1)$，且与平面 $3x-7y+5z-12=0$ 平行的平面方程.

8. 已知直线 L_1：$\dfrac{x-1}{1}=\dfrac{y-2}{0}=\dfrac{z-3}{-1}$ 和 L_2：$\dfrac{x+2}{2}=\dfrac{y-1}{1}=\dfrac{z}{1}$，求过 L_1 且平行于 L_2 的平面方程.

9. 求过点 $(0,2,4)$，且与两个平面 π_1：$x+y-2z-1=0$ 和 π_2：$x+2y-z+1=0$ 都平行的直线方程 .

10. 求两直线 $\begin{cases}x+2y+z-1=0,\\x-2y+z+1=0\end{cases}$ 和 $\begin{cases}x-y-z-1=0,\\x-y+2z+1=0\end{cases}$ 间的夹角.

11. 求直线 $\begin{cases}x+y+3z=0,\\x-y-z=0\end{cases}$ 与平面 $x-y-z+1=0$ 间的夹角.

12. 求点 $(1,2,1)$ 到平面 $x+2y+2z-10=0$ 的距离 .

13. 求过点 $(1,0,-1)$ 且平行于向量 $\boldsymbol{a}=(2,1,1)$，$\boldsymbol{b}=(1,-1,0)$ 的平面方程.

14. 求过点 $(1,0,0),(0,-1,0)$ 和 $(0,0,1)$ 的平面.

15. 过点 $(-1,2,1)$，且平行于直线 $\begin{cases}x+y-2z-1=0,\\x+2y-z+1=0\end{cases}$ 的直线方程.

16. 求过点 $(3,-2,1)$ 和点 $(-1,0,2)$ 的直线方程.

17. 三元二次方程 $x^2+y^2+z^2-4y-2z-4=0$ 表示什么图形？

18. 求球面 $x^2+y^2+z^2=1$ 和 $x^2+(y-1)^2+(z-1)^2=1$ 的交线在 xOy 面上的投影方程.

19. 下列方程在平面解析几何和空间解析几何中分别表示什么图形？

（1）$x=2$；　　（2）$\begin{cases}y-5x+1=0,\\y+2x-3=0;\end{cases}$

（3）$x^2+y^2=1$.

第 9 章　多元函数微分学

【学习目标】

- 理解多元函数的概念.
- 了解二元函数的极限与连续的概念，了解有界闭区域上连续函数的性质.
- 理解偏导数和全微分的概念.
- 掌握求二元初等函数的偏导数及全微分的方法.
- 会求复合函数和隐函数的偏导数.
- 理解二元函数极值的概念，会求二元函数的极值.
- 了解求条件极值的拉格朗日乘数法.
- 会求解一些简单的最大值和最小值的应用题.

本书上册所讨论的函数都是只依赖于一个自变量，称之为一元函数．但在实际问题中经常涉及到多方面的因素，反映到数学上，就是依赖于多个变量的情形，这就提出了多元函数以及多元函数的微积分问题．本章将在一元函数微积分的基础上，重点讨论二元函数微分学的概念、计算方法及其应用．在本章中我们所得到的概念、性质与结论都可以很自然地推广到二元以上的多元函数．我们还须特别注意多元函数微分学与一元函数微分学有显著不同的性质和特点.

9.1　多元函数的概念、极限与连续

9.1.1　多元函数的概念

无论在理论上还是实践中，我们经常会看到，许多量的变化、计算与测定不是由单个因素决定的，而是受到多个因素的影响.

例 9.1　正圆锥体的体积 V 和底半径 r，高 h 之间具有关系

$$V=\frac{1}{3}\pi r^2 h,$$

其中 r,h 是两个独立的变量，当它们在一定范围 $(r>0,h>0)$ 分别取值时，V 就有唯一确定的值与之对应.

例 9.2　在一个简单电路中，电压 V 与电流 I 和电阻 R 之间具有关系

$$V=IR.$$

当 I,R 在它们的变化范围内取定一组值时，就有唯一确定的 V 与之对应.

抛开上述例子的具体意义，从数量对应关系来考虑，它们有共同的属性，可抽象出二元函数的定义．在给出定义之前，先介绍下邻域和区域的概念．

1. 邻域的概念

设 $P_0(x_0,y_0)$ 是 xOy 面上一点，δ 是一个较小的正数，点集

$$\left\{(x,y)\middle|\sqrt{(x-x_0)^2+(y-y_0)^2}<\delta\right\}$$

称为 P_0 的 δ 邻域，记为 $U(P_0,\delta)$，简记作 $U(P_0)$．几何上，点 P_0 的 δ 邻域就是以 P_0 为圆心，以 δ 为半径的圆的内部．

2. 区域的概念

设 E 是平面上的一个点集，P 是平面上的一个点．如果存在点 P 的某一邻域 $U(P)$ 使 $U(P)\subset E$，则称点 P 为 E 的内点．显然，E 的内点属于 E．

如果点集 E 的点都是内点，则称 E 为开集．如果点 P 的任一邻域 $U(P)$ 内既有属于 E 的点，也有不属于 E 的点，则称 P 为 E 的边界点．E 的边界点的全体称为 E 的**边界**．

设 E 为开集，如果对于 E 内任意两点，都可以用一条全部含在 E 内的折线连接起来，则称 E 是连通的．

若点集 D 是连通的开集，则称点集 D 为**开区域**，简称为**区域**. 区域 D 连同它的边界一起称为**闭区域**.

如果区域 D 能包含在一个以原点为圆心的圆内，即存在集合 $E=\left\{(x,y)\middle|\sqrt{x^2+y^2}<R\right\}$，使得 $D\subset E$，那么称 D 为**有界区域**，否则称为**无界区域**.

3. 二元函数的概念

定义 9.1 设 D 是 xOy 面上的点集，如果对于 D 内任意一点 $P(x,y)$，变量 z 按一定的法则 f 总有唯一确定的值与之对应，则称变量 z 为 x,y 的**二元函数**．或称 z 为点 P 的函数，记作

$$z=f(x,y)\text{ 或 }z=f(P)\text{.}$$

点集 D 称为函数的定义域，x,y 称为自变量，z 称为因变量，数集 $\{z|z=f(x,y),(x,y)\in D\}$ 称为该函数的值域.

按照定义，在例 9.1 和例 9.2 中，V 是 r 和 h 的函数，V 是 I 和 R 的函数，它们的定义域都是由实际问题来确定的．当二元函数是用算式表示时，定义域约定为使每个算式有意义的点的集合．

例 9.3 求函数 $z=\sqrt{a^2-x^2-y^2}\,(a>0)$ 的定义域.

解 定义域为

$$D=\left\{(x,y)\middle|x^2+y^2\leqslant a^2\right\}.$$

在平面直角坐标系中，它表示以原点为圆心，半径为 a 的圆的内部包括边界圆周，如图 9-1 所示.

例 9.4 求函数 $z=\frac{1}{\sqrt{y}}\ln(x+y)$ 的定义域.

解 定义域为

$$D=\left\{(x,y)\middle|y>0\text{且}x+y>0\right\},$$

其图形如图 9-2 阴影部分所示.

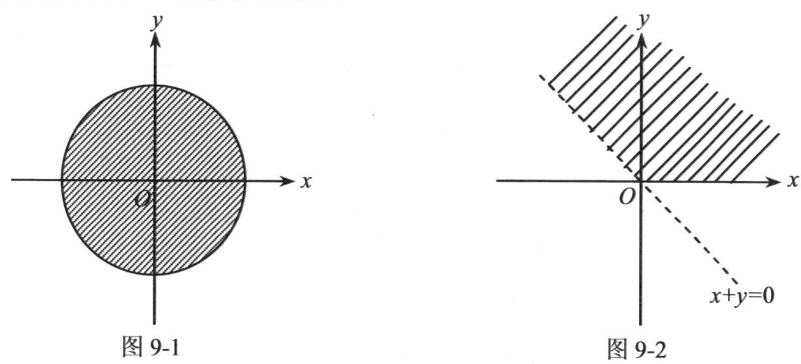

图 9-1　　　　图 9-2

类似地，可以定义三元函数 $u=f(x,y,z)$ 以及三元以上的函数. 二元及二元以上的函数统称为**多元函数**.

9.1.2 多元函数的极限与连续

定义 9.2 设二元函数 $z=f(x,y)$ 在点 $P_0(x_0,y_0)$ 处的某个邻域 $U(P_0,\delta)$ 内有定义（P_0 可以除外），点 $P(x,y)$ 是 $U(P_0,\delta)$ 内异于 P_0 的任意一点，如果当 $P(x,y)$ 以任何方式无限接近于 $P_0(x_0,y_0)$ 时，对应的函数值无限接近于某个确定的常数 A，则称当 $x\to x_0,y\to y_0$ 时，$f(x,y)$ 有极限，记作

$$\lim_{\substack{x\to x_0\\y\to y_0}}f(x,y)=A\text{ 或 }\lim_{(x,y)\to(x_0,y_0)}f(x,y)=A.$$

上述定义的二元函数的极限又叫做**二重极限**，二重极限是一元函数极限的推广，有关一元函数极限的运算法则和定理，都可以直接类推到二重极限，这里不做详细叙述，仅举例说明.

例 9.5 求 $\lim\limits_{\substack{x\to0\\y\to3}}\frac{e^{xy}-1}{x}$.

解 $\lim\limits_{\substack{x\to0\\y\to3}}\frac{e^{xy}-1}{x}=\lim\limits_{\substack{x\to0\\y\to3}}\frac{e^{xy}-1}{xy}\cdot\lim\limits_{\substack{x\to0\\y\to3}}y=\lim\limits_{\substack{x\to0\\y\to3}}\frac{xy}{xy}\cdot3=1\cdot3=3$.

注意：只有当点 (x,y) 以任何方式无限接近于点 $P_0(x_0,y_0)$ 时，对应函数值 $f(x,y)$ 都无限接近于确定的常数 A，才能说函数 $f(x,y)$ 有极限 A. 因此，即使点 $P(x,y)$ 以某几种特殊的方式（如，沿某定直线或定曲线）趋于同一个常数，我们还不能得出函数 $f(x,y)$ 有极限的结论. 但是，如果点 $P(x,y)$ 以两种不同方式趋于

$P_0(x_0,y_0)$ 时，函数值 $f(x,y)$ 趋于不同的常数，那么函数 $f(x,y)$ 的极限肯定不存在.

例 9.6 讨论函数 $f(x,y)=\dfrac{xy}{x^2+y^2}$ 在点 $(0,0)$ 处的极限问题.

解 因为当点 $P(x,y)$ 沿直线 $y=0$ 趋于点 $(0,0)$ 时，有

$$\lim_{\substack{x\to 0\\ y=0}}\frac{xy}{x^2+y^2}=\lim_{x\to 0}\frac{x\cdot 0}{x^2+0}=0,$$

而当点 $P(x,y)$ 沿直线 $y=x$ 趋于点 $(0,0)$ 时，有

$$\lim_{\substack{x\to 0\\ y=x}}\frac{xy}{x^2+y^2}=\lim_{x\to 0}\frac{x^2}{x^2+x^2}=\frac{1}{2}.$$

所以函数 $f(x,y)$ 在点 $(0,0)$ 处极限不存在.

定义 9.3 设二元函数 $z=f(x,y)$ 在点 $P_0(x_0,y_0)$ 处的某邻域内有定义，且

$$\lim_{\substack{x\to 0\\ y\to 0}}f(x,y)=f(x_0,y_0),$$

则称函数 $z=f(x,y)$ 在点 $P_0(x_0,y_0)$ 处**连续**.

若函数 $z=f(x,y)$ 在点 $P_0(x_0,y_0)$ 处不连续，称该点 P_0 为函数 $z=f(x,y)$ 的**间断点**.

如果函数 $z=f(x,y)$ 在平面区域 D 内每一点处都连续，则称函数 $f(x,y)$ 在这个区域 D 内是连续的. 此时二元函数的图形是空间的连续曲面.

与一元函数类似，二元连续函数也有四则运算定理与复合运算定理. 它是指，如果 f 是有限个二元连续函数经四则运算与复合得到的函数，则 f 在其定义域或闭区域上连续.

定义 9.4 以 x 或 y 为自变量的基本初等函数与常数经过有限次四则运算及复合运算得到的函数称作以 x,y 为自变量的**二元初等函数**.

例如，$\dfrac{x^2+xy+y^2}{x-\sin(xy+1)},\mathrm{e}^x\ln(1+xy)$ 都是二元初等函数.

与一元函数相类似，多元函数有下述性质：

（1）在有界闭区域 D 上的连续函数必在 D 上取得最大值和最小值；

（2）一切二元初等函数在其定义区域上是连续的.

练习题 9.1

1. 求下列各函数的表达式.

（1）$f(x,y)=x^2-y^2$，求 $f\left(x+y,\dfrac{y}{x}\right)$；

（2）$f\left(x+y,\dfrac{y}{x}\right)=x^2-y^2$，求 $f(x,y)$.

2．求下列函数的定义域.

（1）$z=\sqrt{4x^2+y^2-1}$；（2）$z=\ln(xy)$.

3．求下列函数的极限.

（1）$\lim\limits_{\substack{x\to 0\\ y\to 0}}\dfrac{e^{xy}\cos y}{1+x+y}$；（2）$\lim\limits_{\substack{x\to 2\\ y\to\infty}} y\sin\dfrac{1}{xy}$；

（3）$\lim\limits_{\substack{x\to 0\\ y\to 0}}\dfrac{1-\cos\sqrt{x^2+y^2}}{x^2+y^2}$；（4）$\lim\limits_{\substack{x\to\infty\\ y\to 3}}\left(1+\dfrac{y}{x}\right)^x$.

4．证明下列函数极限不存在.

（1）$\lim\limits_{\substack{x\to 0\\ y\to 0}}\dfrac{x^2y}{x^3-y^3}$；（2）$\lim\limits_{\substack{x\to 0\\ y\to 0}}\dfrac{\sqrt{xy}}{x+y}$.

9.2 偏导数

9.2.1 多元函数的偏导数

1．偏导数的定义

在多元函数中，当某一自变量在变化，而其他自变量不变化（视为常数）时，函数关于这个自变量的变化率叫做多元函数对这个自变量的偏导数．这里仅介绍二元函数偏导数的定义.

定义 9.5 设函数 $z=f(x,y)$ 在点 $P_0(x_0,y_0)$ 处的某一邻域内有定义．当自变量 y 保持定值 y_0，而自变量 x 在 x_0 处有增量 Δx 时，函数 $z=f(x,y)$ 相应地有增量

$$\Delta z_x=f(x_0+\Delta x,y_0)-f(x_0,y_0)$$

（又称为关于自变量 x 的**偏增量**）．如果极限

$$\lim_{\Delta x\to 0}\frac{\Delta z_x}{\Delta x}=\lim_{\Delta x\to 0}\frac{f(x_0+\Delta x,y_0)-f(x_0,y_0)}{\Delta x}$$

存在，则称此极限值为函数 $z=f(x,y)$ 在点 (x_0,y_0) 处**对 x 的偏导数**，记作

$$\left.\frac{\partial z}{\partial x}\right|_{\substack{x=x_0\\ y=y_0}},\left.\frac{\partial f}{\partial x}\right|_{\substack{x=x_0\\ y=y_0}},z'_x(x_0,y_0)\text{或}f'_x(x_0,y_0).$$

类似地，函数 $z=f(x,y)$ 在点 (x_0,y_0) 处**对 y 的偏导数**定义为

$$\lim_{\Delta y\to 0}\frac{\Delta z_y}{\Delta y}=\lim_{\Delta y\to 0}\frac{f(x_0,y_0+\Delta y)-f(x_0,y_0)}{\Delta y},$$

记作

$$\left.\frac{\partial z}{\partial y}\right|_{\substack{x=x_0\\ y=y_0}},\left.\frac{\partial f}{\partial y}\right|_{\substack{x=x_0\\ y=y_0}},z'_y(x_0,y_0)\text{或}f'_y(x_0,y_0).$$

二元函数偏导数的定义可以类推到三元及三元以上的函数.

定义 9.6 如果函数 $z = f(x,y)$ 在区域 D 内每一点 $P(x,y)$ 处对 x 的偏导数都存在，那么这个偏导数是 x 的函数，称为函数 $z = f(x,y)$ 对自变量 x 的**偏导函数**，记作

$$\frac{\partial z}{\partial x},\frac{\partial f}{\partial x},z'_x \text{ 或 } f'_x(x,y).$$

类似地，函数 $z = f(x,y)$ 对自变量 y 的偏导函数记作

$$\frac{\partial z}{\partial y},\frac{\partial f}{\partial y},z'_y \text{ 或 } f'_y(x,y).$$

偏导函数也简称为**偏导数**.

显然，二元函数 $z = f(x,y)$ 在点 (x_0,y_0) 处的偏导数就是偏导函数在点 (x_0,y_0) 处的函数值. 即

$$f'_x(x_0,y_0)=\left.\frac{\partial f}{\partial x}\right|_{\substack{x=x_0\\y=y_0}},\quad f'_y(x_0,y_0)=\left.\frac{\partial f}{\partial y}\right|_{\substack{x=x_0\\y=y_0}}.$$

由于在偏导数的定义中，实际上已将二元函数看成一个变量变动、另一个变量视为常数的一元函数，因此偏导数的计算仍然是一元函数导数的计算问题. 求 z'_x 时，只要将 y 看成常数对变量 x 求导；求 z'_y 时，只要将 x 看成常数对变量 y 求导.

例 9.7 求函数 $z=\dfrac{x^2y^2}{x-y}$ 在点 $(2,1)$ 处的偏导数.

解 将 y 看成常数，对 x 求导，得

$$\frac{\partial z}{\partial x}=\frac{2xy^2(x-y)-x^2y^2}{(x-y)^2}=\frac{x^2y^2-2xy^3}{(x-y)^2},$$

所以

$$\left.\frac{\partial z}{\partial x}\right|_{\substack{x=2\\y=1}}=\frac{2^2\times1^2-2\times2\times1^3}{(2-1)^2}=0.$$

将 x 看成常数，对 y 求导，得

$$\frac{\partial z}{\partial y}=\frac{2x^3y-x^2y^2}{(x-y)^2},$$

所以

$$\left.\frac{\partial z}{\partial y}\right|_{\substack{x=2\\y=1}}=\frac{2\times2^3\times1-2^2\times1^2}{(2-1)^2}=12.$$

例 9.8 求 $z=\arctan\dfrac{y}{x}$ 的偏导数.

解 将 y 看作常数，对 x 求导，得

$$z'_x = \frac{1}{1+\left(\frac{y}{x}\right)^2}\left(\frac{y}{x}\right)' = \frac{-y}{x^2+y^2}.$$

将 x 看作常数，对 y 求导，得

$$z'_y = \frac{1}{1+\left(\frac{y}{x}\right)^2}(\frac{y}{x})' = \frac{x}{x^2+y^2}.$$

例 9.9 一定量的理想气体，其压强 p 、容积 V 和温度 T 之间满足方程 $pV = RT(T > T_0, V > 0, R\text{是常数})$ ．验证热力学公式

$$\frac{\partial p}{\partial V}\cdot\frac{\partial V}{\partial T}\cdot\frac{\partial T}{\partial p} = -1 .$$

证 对于 $p = \frac{RT}{V}$ ，得 $\frac{\partial p}{\partial V} = -\frac{RT}{V^2}$ ，对于 $V = \frac{RT}{p}$ ，得 $\frac{\partial V}{\partial T} = \frac{R}{p}$. 对于 $T = \frac{pV}{R}$ ，得 $\frac{\partial T}{\partial p} = \frac{V}{R}$.

因此

$$\frac{\partial p}{\partial V}\cdot\frac{\partial V}{\partial T}\cdot\frac{\partial T}{\partial p} = -\frac{RT}{V^2}\cdot\frac{R}{p}\cdot\frac{V}{R} = -\frac{RT}{pV} = -1.$$

在这个运算过程中，若左端偏导数符号的分子、分母相消，就会得到“$1=-1$”的荒谬结果，这是因为偏导数 $\frac{\partial p}{\partial V}$ 并不是 ∂p 与 ∂V 之商，单独的 ∂p 是没有意义的.

在一元函数中，函数在一点可导则在该点处必连续，**而对多元函数而言，即使函数在一点处对它的各个自变量的偏导数都存在，也不能保证函数在该点处连续.**

例 9.10 验证函数

$$f(x,y) = \begin{cases} \frac{xy}{x^2+y^2}, & (x,y) \neq (0,0), \\ 0, & (x,y) = (0,0). \end{cases}$$

在 $(0,0)$ 处对 x ，y 的偏导数都为 0 ，但在点 $(0,0)$ 处不连续.

证 由于 $\lim\limits_{\Delta x\to 0}\frac{f(\Delta x,0)-f(0,0)}{\Delta x} = \lim\limits_{\Delta x\to 0}\frac{0-0}{\Delta x} = 0$, 即 $f'_x(0,0) = 0$.

同理，有 $f'_y(0,0) = 0$.

而在第一节例 9.6 中已经说明，这个函数在点 $(0,0)$ 处是不连续的.

9.2.2 二元函数偏导数的几何意义

根据偏导数的定义，二元函数 $z = f(x,y)$ 在点 (x_0, y_0) 处对 x 的偏导数

$f'_x(x_0,y_0)$ 就是一元函数 $z=f(x,y_0)$ 在 x_0 处的导数 $\left.\dfrac{\mathrm{d}}{\mathrm{d}x}f(x,y_0)\right|_{x=x_0}$．由导数的几何意义可知 $f'_x(x_0,y_0)$ 即是曲线 $\begin{cases}z=f(x,y),\\ y=y_0\end{cases}$ 在点 $M(x_0,y_0,f(x_0,y_0))$ 处的切线对 Ox 轴的斜率，即

$$f'_x(x_0,y_0)=\left.\frac{\mathrm{d}}{\mathrm{d}x}f(x,y_0)\right|_{x=x_0}=\tan\alpha\ .$$

同理，偏导数 $f'_y(x_0,y_0)$ 是曲线 $\begin{cases}z=f(x,y),\\ x=x_0\end{cases}$ 在点 $M(x_0,y_0,f(x_0,y_0))$ 处的切线对 Oy 轴的斜率，即

$$f'_y(x_0,y_0)=\left.\frac{\mathrm{d}}{\mathrm{d}y}f(x_0,y)\right|_{y=y_0}=\tan\beta\text{（如图 9-3 所示）}.$$

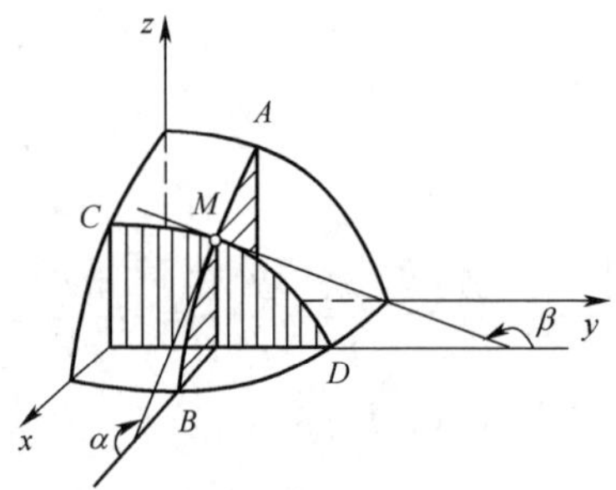

图 9-3

9.2.3　高阶偏导数

定义 9.7　如果函数 $z=f(x,y)$ 在区域 D 内具有偏导数

$$\frac{\partial z}{\partial x}=f'_x(x,y)\text{，}\quad \frac{\partial z}{\partial y}=f'_y(x,y).$$

那么在 D 内 $f'_x(x,y)$，$f'_y(x,y)$ 是 x,y 的函数．如果这两个函数的偏导数也存在，则称它们是函数 $z=f(x,y)$ 的**二阶偏导数**．按照对变量求导次序的不同，有下列四个二阶偏导数：

$$f''_{xx}(x,y)=\frac{\partial z}{\partial x}\left(\frac{\partial z}{\partial x}\right)=\frac{\partial^2 z}{\partial x^2}\text{，}\qquad f''_{xy}(x,y)=\frac{\partial z}{\partial y}\left(\frac{\partial z}{\partial x}\right)=\frac{\partial^2 z}{\partial x\partial y}\text{，}$$

$$f''_{yx}(x,y)=\frac{\partial z}{\partial x}\left(\frac{\partial z}{\partial y}\right)=\frac{\partial^2 z}{\partial y\partial x}\text{，}\qquad f''_{yy}(x,y)=\frac{\partial z}{\partial y}\left(\frac{\partial z}{\partial y}\right)=\frac{\partial^2 z}{\partial y^2}\ .\qquad (9.1)$$

其中（9.1）式中的第二、第三个偏导数称为**混合偏导数**，同样可得三阶、四阶、⋯，直至 n 阶偏导数．二阶及二阶以上的偏导数统称为**高阶偏导数**．

例 9.11 设 $z=x^2y\mathrm{e}^y$，求 $\dfrac{\partial^2 z}{\partial x^2}$，$\dfrac{\partial^2 z}{\partial x\partial y}$，$\dfrac{\partial^2 z}{\partial y\partial x}$，$\dfrac{\partial^2 z}{\partial y^2}$.

解 $\dfrac{\partial z}{\partial x}=2xy\mathrm{e}^y$，$\dfrac{\partial z}{\partial y}=x^2(1+y)\mathrm{e}^y$，

$\dfrac{\partial^2 z}{\partial x^2}=2y\mathrm{e}^y$，$\dfrac{\partial^2 z}{\partial y^2}=x^2(2+y)\mathrm{e}^y$，

$\dfrac{\partial^2 z}{\partial x\partial y}=2x(1+y)\mathrm{e}^y$，$\dfrac{\partial^2 z}{\partial y\partial x}=2x(1+y)\mathrm{e}^y$.

我们看到其中两个二阶混合偏导数相等，即

$$\frac{\partial^2 z}{\partial x\partial y}=\frac{\partial^2 z}{\partial y\partial x}.$$

这不是偶然的，事实上有下述定理.

定理 9.1 如果函数 $z=f(x,y)$ 的两个二阶混合偏导数

$$\frac{\partial^2 z}{\partial x\partial y} \text{ 及 } \frac{\partial^2 z}{\partial y\partial x}$$

在区域 D 内连续，那么在该区域内这两个混合偏导数必相等．换句话说，二阶混合偏导数在连续条件下与求偏导的次序无关.

练习题 9.2

1．求函数 $z=x^2+2xy-2y^2$ 在点 $(1,1)$ 处的偏导数.

2．求下列函数的偏导数.

（1）$z=xy+\dfrac{x}{y}$；（2）$z=x\sin(x+y)$；

（3）$z=\dfrac{x\mathrm{e}^y}{y^2}$；（4）$z=\ln\tan\dfrac{x}{y}$；

（5）$z=(1+xy)^y$；（6）$z=\mathrm{e}^{\sin xy}$.

3．设函数 $z=\ln\sqrt{(x-a)^2+(y-b)^2}$（$a$，$b$ 为常数），求证 $\dfrac{\partial^2 z}{\partial x^2}+\dfrac{\partial^2 z}{\partial y^2}=0$.

9.3 全微分

9.3.1 全微分的概念

全微分是一元函数微分在多元函数中的推广．一元函数 $y=f(x)$ 在点 x_0 处可微是指：当自变量在点 x_0 处有增量 Δx 时，函数的增量 Δy 可表示为

$$\Delta y = f(x_0+\Delta x) - f(x_0) = A\Delta x + o(\Delta x)\ .$$

其中 A 与 Δx 无关，$o(\Delta x)$ 是比 Δx 高阶的无穷小．称 $A\Delta x$ 为函数 $y = f(x)$ 在点 x_0 处的微分．我们通过讨论知可微与可导具有等价性，且 $A = f'(x_0)$．一般地，若函数 $y = f(x)$ 在 x 处可导，则其在 x 处的微分为

$$\mathrm{d}y = f'(x)\mathrm{d}x\ .$$

类似地，可定义二元函数 $z = f(x,y)$ 在点 (x_0,y_0) 处的全微分．

定义 9.8 如果函数 $z = f(x,y)$ 在点 (x_0,y_0) 处的全增量

$$\Delta z = f(x_0+\Delta x, y_0+\Delta y) - f(x_0,y_0)$$

可以表示为

$$\Delta z = A\Delta x + B\Delta y + o(\rho)\ ,$$

其中 A，B 与 Δx ，Δy 无关，$o(\rho)$ 是比 $\rho = \sqrt{\Delta x^2 + \Delta y^2}$ 高阶的无穷小，则称 $A\Delta x + B\Delta y$ 为函数 $z = f(x,y)$ 在点 (x_0,y_0) 处的**全微分**，记作 $\mathrm{d}z$ ，即

$$\mathrm{d}z = A\Delta x + B\Delta y\ .$$

此时，也称函数 $z = f(x,y)$ 在点 (x_0,y_0) 处可微．

如果函数 $z = f(x,y)$ 在区域 D 内每一点可微，则称该函数在区域 D 内可微．

定理 9.2 若函数 $z = f(x,y)$ 在点 (x,y) 处可微，则 $f(x,y)$ 在点 (x,y) 处连续．

证 由于 $z = f(x,y)$ 在点 (x,y) 处可微，则

$$\Delta z = A\Delta x + B\Delta y + o(\rho)\ ,$$

显然当 $\Delta x \to 0, \Delta y \to 0$ 时，有 $\rho \to 0$ ，于是有

$$\Delta z \to 0(\Delta x \to 0, \Delta y \to 0)\ .$$

即 $z = f(x,y)$ 在点 (x,y) 处连续．

定理 9.3 （**可微的必要条件**） 若函数 $z = f(x,y)$ 在点 (x,y) 处可微，则函数 $z = f(x,y)$ 在点 (x,y) 处必存在偏导数，且 $A = \frac{\partial z}{\partial x}$， $B = \frac{\partial z}{\partial y}$ ．

证 由于 $z = f(x,y)$ 在点 (x,y) 处可微，则

$$\Delta z = A\Delta x + B\Delta y + o(\rho)\ .$$

若令 $\Delta y = 0$ ，则

$$\Delta z = A\Delta x + o(|\Delta x|)\ ,$$

$$\lim_{\Delta x\to 0}\frac{f(x+\Delta x, y) - f(x,y)}{\Delta x} = \lim_{\Delta x\to 0}\frac{A\Delta x + o(|\Delta x|)}{\Delta x} = A.$$

即 $$A = \frac{\partial z}{\partial x},$$

同理可得 $$B = \frac{\partial z}{\partial y}.$$

即函数 $z = f(x,y)$ 在点 (x,y) 处偏导数存在．

一般地，记 $\Delta x = \mathrm{d}x, \Delta y = \mathrm{d}y$，则二元函数全微分就可以写成

$$\mathrm{d}z = \frac{\partial z}{\partial x}\mathrm{d}x + \frac{\partial z}{\partial y}\mathrm{d}y. \tag{9.2}$$

定理 9.3 给出了函数 $z = f(x,y)$ 可微的必要条件，但不是充分条件，即函数 $f(x,y)$ 在某点处偏导数都存在却未必可微．如例 9.10 中，

$$z = f(x,y) = \begin{cases} \dfrac{xy}{x^2+y^2}, (x,y) \neq (0,0) , \\ 0, \qquad\quad (x,y) = (0,0) . \end{cases}$$

在点 $(0,0)$ 处的两个偏导数都存在，但它在该点处不连续．由定理 9.2 知函数在点 $(0,0)$ 处一定不可微．

那么在什么情况下函数是可微的呢？有如下定理：

定理 9.4 （**可微的充分条件**）若函数 $z = f(x,y)$ 在点 (x,y) 处的两个偏导数存在且连续，则此函数在该点处一定可微．

二元函数全微分及二元函数的全微分存在定理也可推广到二元以上的函数．例如，如果三元函数 $u = f(x,y,z)$ 在 $P(x,y,z)$ 处可微，则它的全微分为

$$\mathrm{d}u = \frac{\partial u}{\partial x}\mathrm{d}x + \frac{\partial u}{\partial y}\mathrm{d}y + \frac{\partial u}{\partial z}\mathrm{d}z . \tag{9.3}$$

例 9.12 求 $z = \ln\sqrt{x^2+y^2}$ 的全微分 $\mathrm{d}z$.

解 因为

$$\frac{\partial z}{\partial x} = \frac{1}{\sqrt{x^2+y^2}} \cdot \frac{2x}{2\sqrt{x^2+y^2}} = \frac{x}{x^2+y^2} ,$$

$$\frac{\partial z}{\partial y} = \frac{1}{\sqrt{x^2+y^2}} \cdot \frac{2y}{2\sqrt{x^2+y^2}} = \frac{y}{x^2+y^2} ,$$

由（9.2）式得

$$\mathrm{d}z = \frac{x}{x^2+y^2}\mathrm{d}x + \frac{y}{x^2+y^2}\mathrm{d}y .$$

例 9.13 求 $u = \ln(x^2+y^2+z^2)$ 的全微分 $\mathrm{d}u$.

解 因为

$$\frac{\partial u}{\partial x} = \frac{2x}{x^2+y^2+z^2} ,$$

$$\frac{\partial u}{\partial y} = \frac{2y}{x^2+y^2+z^2} ,$$

$$\frac{\partial u}{\partial z} = \frac{2z}{x^2+y^2+z^2} ,$$

由（9.3）式得

$$\mathrm{d}u = \frac{2x}{x^2+y^2+z^2}\mathrm{d}x + \frac{2y}{x^2+y^2+z^2}\mathrm{d}y + \frac{2z}{x^2+y^2+z^2}\mathrm{d}z .$$

9.3.2 全微分在近似计算中的应用

由二元函数全微分的概念可得

$$\Delta z = f_x'(x,y)\Delta x + f_y'(x,y)\Delta y + o(\rho) .$$

由于$o(\rho)$是比ρ高阶的无穷小（$\rho \to 0$时），因此当$|\Delta x|$与$|\Delta y|$都较小时，可略去$o(\rho)$项，得到近似公式为

$$\begin{aligned} & f(x+\Delta x, y+\Delta y) \\ & \approx f(x,y) + f_x'(x,y)\Delta x + f_y'(x,y)\Delta y. \end{aligned}$$

例 9.14 要造一个无盖的圆柱形水池，其内半径为 2 m，池深 4 m，若水池厚度为 0.01 m，问大约需要用多少立方米材料？

解 设圆柱体底面半径为r，高为h，则体积为

$$V = f(r,h) = \pi r^2 h .$$

建造水池的材料所占体积可以看成底面半径$r=2$，高为$h=4$的圆柱体，当$\Delta r = \Delta h = 0.01$时，体积的增量$\Delta V$的近似值为$\mathrm{d}V$，即

$$\Delta V \approx \mathrm{d}V = 2\pi rh\Delta r + \pi r^2 \Delta h = 2\pi \times 2 \times 4 \times 0.01 + \pi \times 2^2 \times 0.01 = 0.2\pi(\mathrm{m}^3) .$$

答：大约用材料 $0.2\pi\ \mathrm{m}^3$.

例 9.15 计算$(1.04)^{2.02}$的近似值.

解 设函数$f(x,y) = x^y$，则

$$f_x'(x,y) = yx^{y-1} , \quad f_y'(x,y) = x^y \ln x .$$

取$x_0 = 1, y_0 = 2, \Delta x = 0.04, \Delta y = 0.02$，把它们代入近似值表达式，得到

$$\begin{aligned} (1.04)^{2.02} &= f(x_0 + \Delta x, y_0 + \Delta y) \\ &\approx f(x_0, y_0) + f_x'(x_0, y_0)\Delta x + f_y'(x_0, y_0)\Delta y \\ &= 1 + 2 \times 0.04 + 0 \times 0.02 = 1.08 . \end{aligned}$$

练习题 9.3

1．已知圆柱体体积$V = \pi r^2 h$，其中r是圆柱底面的半径，h是圆柱的高，写出体积V的改变量ΔV的近似计算公式.

2．求下列函数的全微分.

（1）$z = xy + \dfrac{x}{y}$；　　（2）$z = \mathrm{e}^{\frac{y}{x}}$；

（3）$z = x^y$；　　（4）$z = xy\ln y$.

3．求函数$z = \dfrac{x}{y}$当$x_0 = 2, y_0 = 1, \Delta x = 0.1, \Delta y = -0.2$时的全增量和全微分.

9.4 多元复合函数和隐函数的微分法

9.4.1 多元复合函数的求导法则

多元复合函数的求导法则是一元复合函数求导法则的推广，在一元复合函数的求导中，链式法则起到了非常重要的作用，这节将把链式法则推广到多元函数中，它同样在多元函数的求导中起着重要的作用．

设函数 $z=f(u,v)$ 是变量 u,v 的函数，而 u,v 又是变量 x,y 的函数，$u=\varphi(x,y),v=\psi(x,y)$，因而 $z=f[\varphi(x,y),\psi(x,y)]$ 是 x,y 的复合函数．

定理 9.5 如果 $z=f(u,v)$ 关于 u,v 的偏导数连续，又函数 $u=\varphi(x,y)$，$v=\psi(x,y)$ 关于 x,y 的偏导数连续，则复合函数

$$z=f[\varphi(x,y),\psi(x,y)]$$

关于 x,y 的偏导数存在且连续，并有

$$\begin{aligned}\frac{\partial z}{\partial x}&=\frac{\partial z}{\partial u}\cdot\frac{\partial u}{\partial x}+\frac{\partial z}{\partial v}\cdot\frac{\partial v}{\partial x},\\ \frac{\partial z}{\partial y}&=\frac{\partial z}{\partial u}\cdot\frac{\partial u}{\partial y}+\frac{\partial z}{\partial v}\cdot\frac{\partial v}{\partial y}.\end{aligned} \tag{9.4}$$

证 固定 y，设 x 有增量 Δx，则 u,v 有对应的增量，记为

$$\Delta_x u=\varphi(x+\Delta x,y)-\varphi(x,y),$$

$$\Delta_x v=\psi(x+\Delta x,y)-\psi(x,y).$$

将由增量 $\Delta_x u$，$\Delta_x v$ 所引起的函数 z 的增量记为 $\Delta_x z$．由定理假设，函数 $z=f(u,v)$ 关于 u,v 有连续偏导数，故函数 $z=f(u,v)$ 对于 u,v 是可微的，即

$$\Delta_x z=\frac{\partial z}{\partial u}\Delta_x u+\frac{\partial z}{\partial v}\Delta_x v+o(\rho)\ (\rho=\sqrt{(\Delta_x u)^2+(\Delta_x v)^2}),$$

上式两边同时除以 Δx 得

$$\frac{\Delta_x z}{\Delta x}=\frac{\partial z}{\partial u}\cdot\frac{\Delta_x u}{\Delta x}+\frac{\partial z}{\partial v}\cdot\frac{\Delta_x v}{\Delta x}+\frac{o(\rho)}{\Delta x}, \tag{9.5}$$

当 $\Delta x\to 0$ 时，有

$$\frac{\Delta_x u}{\Delta x}\to\frac{\partial u}{\partial x},\frac{\Delta_x v}{\Delta x}\to\frac{\partial v}{\partial x},$$

而

$$\frac{o(\rho)}{\Delta x}=\frac{o(\rho)}{\rho}\cdot\frac{\rho}{\Delta x}. \tag{9.6}$$

由于

$$\left|\frac{\rho}{\Delta x}\right| = \left|\frac{\sqrt{(\Delta_x u)^2 + (\Delta_x v)^2}}{\Delta x}\right| = \sqrt{\left(\frac{\Delta_x u}{\Delta x}\right)^2 + \left(\frac{\Delta_x v}{\Delta x}\right)^2}$$

$$\to \sqrt{\left(\frac{\partial u}{\partial x}\right)^2 + \left(\frac{\partial v}{\partial x}\right)^2} \qquad (\Delta x \to 0).$$

故 $\frac{\rho}{\Delta x}$ 是有界变量．又因为 u,v 有连续偏导数，所以当 $\Delta x \to 0$ 时，有 $\Delta_x u \to 0, \Delta_x v \to 0$，从而有

$$\rho = \sqrt{(\Delta_x u)^2 + (\Delta_x v)^2} \to 0,$$

于是对于（9.6）式有

$$\lim_{\Delta x \to 0} \frac{o(\rho)}{\Delta x} = 0.$$

再回到（9.5）式，令 $\Delta x \to 0$，取极限，得

$$\lim_{\Delta x \to 0} \frac{\Delta_x z}{\Delta x} = \lim_{\Delta x \to 0}\left(\frac{\partial z}{\partial u} \cdot \frac{\Delta_x u}{\Delta x}\right) + \lim_{\Delta x \to 0}\left(\frac{\partial z}{\partial v} \cdot \frac{\Delta_x v}{\Delta x}\right) + \lim_{\Delta x \to 0} \frac{o(\rho)}{\Delta x}$$

$$= \frac{\partial z}{\partial u} \cdot \frac{\partial u}{\partial x} + \frac{\partial z}{\partial v} \cdot \frac{\partial v}{\partial x}.$$

即

$$\frac{\partial z}{\partial x} = \frac{\partial z}{\partial u} \cdot \frac{\partial u}{\partial x} + \frac{\partial z}{\partial v} \cdot \frac{\partial v}{\partial x}.$$

同理可证

$$\frac{\partial z}{\partial y} = \frac{\partial z}{\partial u} \cdot \frac{\partial u}{\partial y} + \frac{\partial z}{\partial v} \cdot \frac{\partial v}{\partial y}.$$

又由定理假设 $\frac{\partial z}{\partial u}, \frac{\partial z}{\partial v}, \frac{\partial u}{\partial x}, \frac{\partial v}{\partial x}, \frac{\partial u}{\partial y}, \frac{\partial v}{\partial y}$ 是连续的，而连续函数的和、积仍为连续函数，所以 $\frac{\partial z}{\partial x}, \frac{\partial z}{\partial y}$ 在点 (x, y) 处连续．

（9.4）式称为**复合函数偏导数链式法则**．为了掌握这一法则，初学时可画“变量关系图，如图 9-4 所示”来帮助分析中间变量及自变量，以避免求导步骤的遗漏或增添．

对于中间变量和自变量多于或少于两个的情况，（9.4）式都可以推广．

例如，若 $z = f(u, v, w)$，而 $u = u(x, y)$，$v = v(x, y), w = w(x, y)$，如图 9-5 所示，则复合函数 $z = f[u(x, y), v(x, y), w(x, y)]$ 对自变量 x 和 y 的偏导数分别为

$$
\begin{aligned}
\frac{\partial z}{\partial x}&=\frac{\partial z}{\partial u}\cdot\frac{\partial u}{\partial x}+\frac{\partial z}{\partial v}\cdot\frac{\partial v}{\partial x}+\frac{\partial z}{\partial w}\cdot\frac{\partial w}{\partial x},\\
\frac{\partial z}{\partial y}&=\frac{\partial z}{\partial u}\cdot\frac{\partial u}{\partial y}+\frac{\partial z}{\partial v}\cdot\frac{\partial v}{\partial y}+\frac{\partial z}{\partial w}\cdot\frac{\partial w}{\partial y}.
\end{aligned}
\tag{9.7}
$$

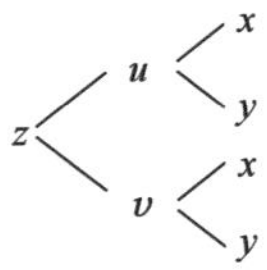

图 9-4 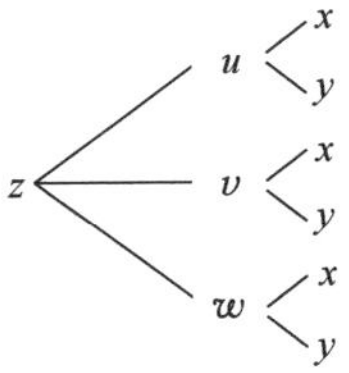　　　　图 9-5

若只有一个中间变量的情况：$z=f(u,x,y)$，而 $u=\psi(x,y)$，如图 9-6 所示，则复合函数 $z=f[\psi(x,y),x,y)]$ 对自变量 x 和 y 的偏导数分别为

$$
\begin{aligned}
\frac{\partial z}{\partial x}&=\frac{\partial f}{\partial u}\cdot\frac{\partial u}{\partial x}+\frac{\partial f}{\partial x},\\
\frac{\partial z}{\partial y}&=\frac{\partial f}{\partial u}\cdot\frac{\partial u}{\partial y}+\frac{\partial f}{\partial y}.
\end{aligned}
\tag{9.8}
$$

在上式中，$\frac{\partial z}{\partial x}$ 与 $\frac{\partial f}{\partial x}$ 不同，$\frac{\partial z}{\partial x}$ 是把 $z=f[\psi(x,y),x,y)]$ 中的 y 看作不变对 x 的偏导数，$\frac{\partial f}{\partial x}$ 是把 $f(u,x,y)$ 中的 u，y 看作不变对 x 的偏导数，$\frac{\partial z}{\partial y}$ 与 $\frac{\partial f}{\partial y}$ 也有类似地区别.

若只有一个自变量的情况：$z=f(u,v)$，而 $u=u(t),v=v(t)$，如图 9-7 所示，则

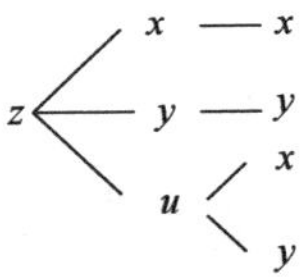

图 9-6 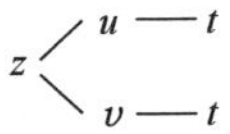　　　　图 9-7

$$
\frac{\mathrm{d}z}{\mathrm{d}t}=\frac{\partial z}{\partial u}\cdot\frac{\mathrm{d}u}{\mathrm{d}t}+\frac{\partial z}{\partial v}\cdot\frac{\mathrm{d}v}{\mathrm{d}t}. \tag{9.9}
$$

由于复合函数 $z=f[u(t),v(t)]$ 只是一个自变量 t 的函数，所以把（9.9）式称为**全导数**.

更特殊地，中间变量和自变量都只有一个的情况：$z=f(u,t)$，而 $u=u(t)$，则复合函数 $f[u(t),t]$ 的全导数为

$$\frac{\mathrm{d}z}{\mathrm{d}t}=\frac{\partial z}{\partial u}\cdot\frac{\mathrm{d}u}{\mathrm{d}t}+\frac{\partial z}{\partial t}. \tag{9.10}$$

例 9.16 设 $z=f(u,v)=\mathrm{e}^u\sin v$，其中 $u=xy, v=2x+3y$，求 $\frac{\partial z}{\partial x},\frac{\partial z}{\partial y}$.

解 应用（9.4）式，有

$$\begin{aligned}\frac{\partial z}{\partial x}&=\frac{\partial z}{\partial u}\frac{\partial u}{\partial x}+\frac{\partial z}{\partial v}\frac{\partial v}{\partial x}\\&=\mathrm{e}^u\sin v\cdot y+\mathrm{e}^u\cos v\cdot 2\\&=\mathrm{e}^{xy}[y\sin(2x+3y)+2\cos(2x+3y)],\end{aligned}$$

$$\begin{aligned}\frac{\partial z}{\partial y}&=\frac{\partial z}{\partial u}\frac{\partial u}{\partial y}+\frac{\partial z}{\partial v}\frac{\partial v}{\partial y}\\&=\mathrm{e}^u\sin v\cdot x+\mathrm{e}^u\cos v\cdot 3\\&=\mathrm{e}^{xy}[x\sin(2x+3y)+3\cos(2x+3y)].\end{aligned}$$

例 9.17 求 $z=(3x^2+y^2)^{4x+2y}$ 的偏导数.

解 设 $u=3x^2+y^2$，$v=4x+2y$，则 $z=u^v$，有

$$\frac{\partial z}{\partial u}=v\cdot u^{v-1}，\quad \frac{\partial z}{\partial v}=u^v\cdot\ln u，$$

$$\frac{\partial u}{\partial x}=6x，\quad \frac{\partial u}{\partial y}=2y，\quad \frac{\partial v}{\partial x}=4，\quad \frac{\partial v}{\partial y}=2.$$

则

$$\begin{aligned}\frac{\partial z}{\partial x}&=v\cdot u^{v-1}\cdot 6x+u^v\cdot\ln u\cdot 4\\&=6x(4x+2y)(3x^2+y^2)^{4x+2y-1}+4(3x^2+y^2)^{4x+2y}\ln(3x^2+y^2),\end{aligned}$$

$$\begin{aligned}\frac{\partial z}{\partial y}&=v\cdot u^{v-1}\cdot 2y+u^v\cdot\ln u\cdot 2\\&=2y(4x+2y)(3x^2+y^2)^{4x+2y-1}+2(3x^2+y^2)^{4x+2y}\ln(3x^2+y^2).\end{aligned}$$

例 9.18 设 $z=f(u,v)$ 偏导数连续，且 $u=\sin x, v=x^2-y^2$，求 $\frac{\partial z}{\partial x},\frac{\partial z}{\partial y}$.

解 根据链式法则，如图 9-8 所示，

$$\frac{\partial z}{\partial x}=\frac{\partial f}{\partial u}\cdot\frac{\partial u}{\partial x}+\frac{\partial f}{\partial v}\cdot\frac{\partial v}{\partial x}=f_u'\cdot\cos x+2xf_v',$$

$$\frac{\partial z}{\partial y}=\frac{\partial f}{\partial v}\cdot\frac{\partial v}{\partial y}=-2yf_v'.$$

例 9.19 设 $z=xy+\sin t$，而 $x=\mathrm{e}^t, y=\cos t$, 求全导数 $\frac{\mathrm{d}z}{\mathrm{d}t}$.

解 根据链式法则，如图 9-9 所示，

$$\frac{\mathrm{d}z}{\mathrm{d}t}=\frac{\partial z}{\partial x}\cdot\frac{\mathrm{d}x}{\mathrm{d}t}+\frac{\partial z}{\partial y}\cdot\frac{\mathrm{d}y}{\mathrm{d}t}+\frac{\partial z}{\partial t}=v\mathrm{e}^t-u\sin t+\cos t$$

$$=\mathrm{e}^t(\cos t-\sin t)+\cos t.$$

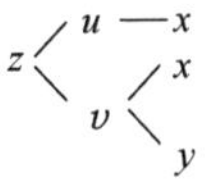

图 9-8

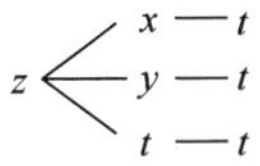

图 9-9

9.4.2 隐函数的微分法

在一元函数微分学中，已经给出了隐函数的概念及其求导法则，但未给出一般的公式，现由多元函数复合的求导法则可推导出隐函数的求导公式.

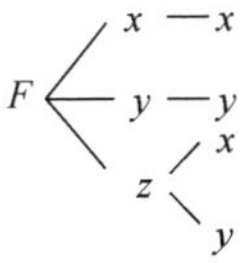

图 9-10

与一元隐函数的概念相类似，把由方程 $F(x,y,z)=0$ 所确定的函数 $z=f(x,y)$ 称为**二元隐函数**，这个隐函数可直接由方程 $F(x,y,z)=0$ 确定它的偏导数，它的函数结构图如图 9-10 所示.

由于

$$F(x,y,f(x,y))=0,$$

其左端可看作 x,y 的一个复合函数，将等式两端分别求对 x 和对 y 的偏导数，即得

$$\frac{\partial F}{\partial x}+\frac{\partial F}{\partial z}\cdot\frac{\partial z}{\partial x}=0,\quad \frac{\partial F}{\partial y}+\frac{\partial F}{\partial z}\cdot\frac{\partial z}{\partial y}=0.$$

从而，当 $\frac{\partial F}{\partial z}\neq 0$ 时，有

$$\frac{\partial z}{\partial x}=-\frac{\frac{\partial F}{\partial x}}{\frac{\partial F}{\partial z}},\quad \frac{\partial z}{\partial y}=-\frac{\frac{\partial F}{\partial y}}{\frac{\partial F}{\partial z}}. \tag{9.11}$$

（9.11）式就是二元隐函数求偏导数的公式.

同理，由方程 $F(x,y)=0$ 所确定的隐函数 $y=f(x)$ 的求导公式可写为

$$\frac{\mathrm{d}y}{\mathrm{d}x}=-\frac{\frac{\partial F}{\partial x}}{\frac{\partial F}{\partial y}}\quad\left(\frac{\partial F}{\partial y}\neq 0\right). \tag{9.12}$$

例 9.20 求由方程 $x\sin y+y\mathrm{e}^x=0$ 所确定的隐函数 y 的导数.

解 令 $F(x,y)=x\sin y+y\mathrm{e}^x$，则

$$\frac{\partial F}{\partial x}=\sin y+y\mathrm{e}^x\text{，}\quad \frac{\partial F}{\partial y}=x\cos y+\mathrm{e}^x .$$

代入（9.12）式得

$$\frac{\mathrm{d}y}{\mathrm{d}x}=-\frac{\dfrac{\partial F}{\partial x}}{\dfrac{\partial F}{\partial y}}=-\frac{\sin y+y\mathrm{e}^x}{x\cos y+\mathrm{e}^x} .$$

例 9.21 设 $\mathrm{e}^z-xyz=0$ 确定二元隐函数 $z=f(x,y)$，求 $\dfrac{\partial z}{\partial x},\dfrac{\partial z}{\partial y}$.

解 令 $F(x,y,z)=\mathrm{e}^z-xyz$. 则

$$\frac{\partial F}{\partial x}=-yz\text{，}\quad \frac{\partial F}{\partial y}=-xz\text{，}\quad \frac{\partial F}{\partial z}=\mathrm{e}^z-xy .$$

代入（9.11）式得

$$\frac{\partial z}{\partial x}=-\frac{-yz}{\mathrm{e}^z-xy}=\frac{yz}{\mathrm{e}^z-xy}\text{，}$$

$$\frac{\partial z}{\partial y}=-\frac{-xz}{\mathrm{e}^z-xy}=\frac{xz}{\mathrm{e}^z-xy} .$$

例 9.22 设 $z+x^2y+\mathrm{e}^{xz}-3\mathrm{e}^x=0$ 确定二元隐函数 $z=f(x,y)$，求 z 在点 $(0,1)$ 处的偏导数.

解 令 $F(x,y,z)=z+x^2y+\mathrm{e}^{xz}-3\mathrm{e}^x$. 则

$$\frac{\partial F}{\partial x}=2xy+z\mathrm{e}^{xz}-3\mathrm{e}^x\text{，}\quad \frac{\partial F}{\partial y}=x^2\text{，}\quad \frac{\partial F}{\partial z}=1+x\mathrm{e}^{xz} .$$

当 $x=0,y=1$ 时，$z=2$，从而在点 $(0,1)$ 处 $\dfrac{\partial F}{\partial x}=-1,\dfrac{\partial F}{\partial y}=0,\dfrac{\partial F}{\partial z}=1$.

则
$$\left.\frac{\partial z}{\partial x}\right|_{\substack{x=0\\y=1}}=-\left.\frac{\dfrac{\partial F}{\partial x}}{\dfrac{\partial F}{\partial z}}\right|_{\substack{x=0\\y=1}}=1\text{，}\quad \left.\frac{\partial z}{\partial y}\right|_{\substack{x=0\\y=1}}=-\left.\frac{\dfrac{\partial F}{\partial y}}{\dfrac{\partial F}{\partial z}}\right|_{\substack{x=0\\y=1}}=0 .$$

练习题 9.4

1．求下列复合函数的导数.

（1）$z=\mathrm{e}^u\sin v$，而 $u=2xy,v=x^2+y^2$，求 $\dfrac{\partial z}{\partial x},\dfrac{\partial z}{\partial y}$；

（2）$z=(x^2+y^2)^{xy^2}$，求 $\frac{\partial z}{\partial x},\frac{\partial z}{\partial y}$；

（3）$z=\frac{y}{x}$，而 $x=\mathrm{e}^t, y=1-\mathrm{e}^{2t}$，求 $\frac{\partial z}{\partial t}$；

（4）$z=\arcsin(x-y)$，而 $x=3t, y=4t^3$，求 $\frac{\mathrm{d}z}{\mathrm{d}t}$；

（5）$z=(2x+y)^{2x+y}$，求 $\frac{\partial z}{\partial x},\frac{\partial z}{\partial y}$；

（6）$z=x\sin v+2x^2+\mathrm{e}^v$，$v=x^2+y^2$，求 $\frac{\partial z}{\partial x},\frac{\partial z}{\partial y}$.

2. 计算下列方程所确定的隐函数的偏导数.

（1）$x+2y+2z-2\sqrt{xyz}=0$，求 $\frac{\partial z}{\partial x},\frac{\partial z}{\partial y}$；

（2）$\mathrm{e}^x=xyz$，求 $\frac{\partial z}{\partial x},\frac{\partial z}{\partial y}$；

（3）$x^3z^2+y^3-4xyz=0$，求 $\frac{\partial z}{\partial x},\frac{\partial z}{\partial y}$；

（4）$x^3+y^3+z^3+xyz-6=0$，求 $\left.\frac{\partial z}{\partial x}\right|_{(1,2,-1)}$，$\left.\frac{\partial z}{\partial y}\right|_{(1,2,-1)}$.

9.5 多元函数极值

9.5.1 二元函数极值

最优化问题一直受到人们的关注，我们要讨论的极值问题则是较简单的最优化问题，被称为古典优化问题.

首先给出二元函数极值的概念.

定义 9.9 设函数 $z=f(x,y)$ 在点 $P_0(x_0,y_0)$ 处的某个邻域有定义，如果在此邻域内异于点 $P_0(x_0,y_0)$ 的任何点 (x,y)，恒有

$$f(x,y)<f(x_0,y_0) \quad (\text{或 } f(x,y)>f(x_0,y_0)),$$

那么称点 $P_0(x_0,y_0)$ 为函数的**极大值点（极小值点）**. $f(x_0,y_0)$ 称为函数的**极大值（极小值）**. 极大值点和极小值点统称**极值点**，极大值和极小值统称**极值**.

例如，由定义可判断，函数 $z=\sqrt{x^2+y^2}$ 在点 $(0,0)$ 处有极小值 $f(0,0)=0$（如图 9-11 所示）；函数 $z=2-\sqrt{x^2+y^2}$ 在点 $(0,0)$ 处有极大值 $f(0,0)=2$（如图 9-12 所示）. 函数 $z=x+y$ 在点 $(0,0)$ 处没有极值，这是因为点 $(0,0)$ 处函数值等于零，而在点 $(0,0)$ 的任一邻域内，总有正的和负的函数值.

类似地，可以定义三元函数 $u=f(x,y,z)$ 的极大值和极小值.

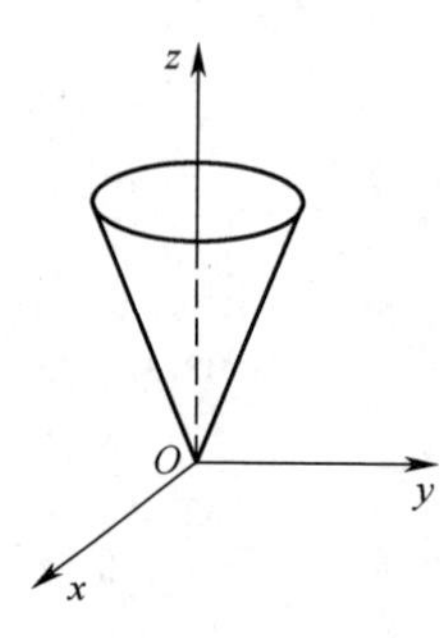

图 9-11

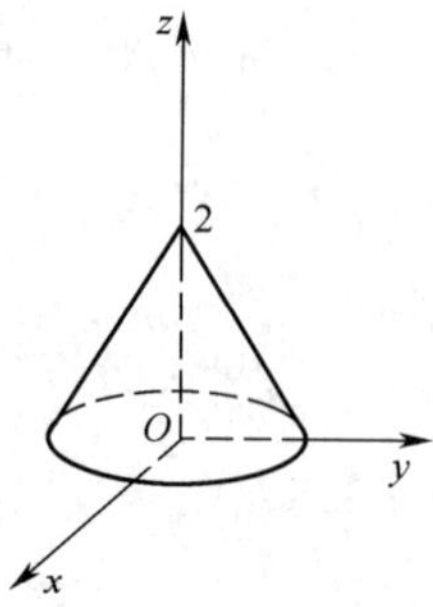

图 9-12

如果二元函数 $z=f(x,y)$ 的偏导数存在，我们可以用下面的定理来判断函数在哪些点可能取得极值.

定理 9.6 （**极值存在的必要条件**）设函数 $z=f(x,y)$ 在点 (x_0,y_0) 的某个邻域有定义且存在一阶偏导数，如果 (x_0,y_0) 是极值点，则有

$$f_x'(x_0,y_0)=0\text{，}\quad f_y'(x_0,y_0)=0\text{.}$$

证 因为点 (x_0,y_0) 是 $z=f(x,y)$ 的极值点，所以当固定 y 为 y_0 时，对一元函数 $z=f(x,y_0)$ 来讲，在 x_0 处也取得极值. 又由于函数 $z=f(x,y)$ 在点 (x_0,y_0) 处的一阶偏导数存在，根据一元函数极值存在的必要条件，得

$$f_x'(x_0,y_0)=0\text{.}$$

同理可得

$$f_y'(x_0,y_0)=0\text{.}$$

如果 $f_x'(x_0,y_0)=0$，$f_y'(x_0,y_0)=0$，则称点 (x_0,y_0) 为函数 $z=f(x,y)$ 的**驻点**. 值得注意的是：在偏导数存在的条件下，驻点是极值点的必要条件，但不是充分条件，例如，点 $(0,0)$ 是函数 $z=xy$ 的驻点，显然，函数在 $(0,0)$ 点取不到极值.

同时，还应该注意到偏导数不存在的点也可能是极值点. 例如，函数 $z=\sqrt{x^2+y^2}$，它的图像是上圆锥面，如图 9-11 所示，点 $(0,0)$ 显然是函数的极小值点，但在 $(0,0)$ 处两个偏导数均不存在.

对于驻点，我们有如下定理判断其是否为极值点.

定理 9.7 （**极值存在的充分条件**）设函数 $z=f(x,y)$ 在点 (x_0,y_0) 处的某个邻域内连续且存在一阶及二阶连续偏导数，又 $f_x'(x_0,y_0)=0$，$f_y'(x_0,y_0)=0$. 令

$$f_{xx}''(x_0,y_0)=A\text{，}\quad f_{xy}''(x_0,y_0)=B\text{，}\quad f_{yy}''(x_0,y_0)=C\text{.}$$

则 $z=f(x,y)$ 在点 (x_0,y_0) 处是否取得极值的条件如下：

（1）$AC-B^2>0$ 时有极值，且当 $A<0$ 时有极大值，当 $A>0$ 时有极小值；

（2）$AC-B^2<0$ 时没有极值；

（3）$AC-B^2=0$ 时可能有极值，也可能没有极值，需另作讨论.

证明略.

综上所述，具有连续的二阶偏导数的函数 $z=f(x,y)$，其极值求法如下：

（1）先求出偏导数 f'_x，f'_y，f''_{xx}，f''_{xy}，f''_{yy}；

（2）解方程组 $\begin{cases} f'_x(x,y)=0, \\ f'_y(x,y)=0. \end{cases}$ 求出定义域内全部驻点；

（3）求出驻点处的二阶偏导数值：$A=f''_{xx}$，$B=f''_{xy}$，$C=f''_{yy}$.

计算出 $AC-B^2$ 的值，判断 $z=f(x,y)$ 是否有极值，如果有，求出其极值.

例 9.23 求 $f(x,y)=x^3-y^3+3x^2+3y^2-9x$ 的极值.

解 $f'_x=3x^2+6x-9$，$f'_y=-3y^2+6y$.

解方程组 $\begin{cases} 3x^2+6x-9=0, \\ -3y^2+6y=0. \end{cases}$ 求得驻点为 $(1,0)$，$(1,2)$，$(-3,0)$，$(-3,2)$.

再求二阶偏导数，得

$$A=f''_{xx}=6x+6,\quad B=f''_{xy}=0,\quad C=f''_{yy}=-6y+6.$$

在点 $(1,0)$ 处，$AC-B^2=72>0$，又 $A>0$，所以函数在点 $(1,0)$ 处有极小值 $f(1,0)=-5$；

在点 $(1,2)$ 处，$AC-B^2=-72<0$，所以 $f(1,2)$ 不是极值；

在点 $(-3,0)$ 处，$AC-B^2=-72<0$，所以 $f(-3,0)$ 不是极值；

在点 $(-3,2)$ 处，$AC-B^2=72>0$，又 $A<0$，所以函数在点 $(-3,2)$ 处有极大值 $f(-3,2)=31$.

9.5.2 最大值和最小值应用问题

与一元函数类似，利用函数的极值可以求函数的最大值与最小值.

若函数 $z=f(x,y)$ 在有界闭区间 D 上连续，则在 D 上必能取得最大值和最小值. 具体做法是：先求出 D 内的一切可能极值以及边界上的函数值，然后进行比较以确定最大值和最小值. 但在解决实际问题时，则常根据问题的性质来确定最大(小)值. 如果知道函数在区域 D 内一定能取得最大值或最小值，而函数在 D 内又只有一个驻点，那么可以肯定该驻点处的函数值就是该函数在 D 上的最大值或最小值.

例 9.24 求函数 $f(x,y)=\sqrt{4-x^2-y^2}$ 在 $D: x^2+y^2\leqslant 1$ 上的最大值.

解 在 D 内 $(x^2+y^2<1)$，由

$$\begin{cases} f'_x=\dfrac{-x}{\sqrt{4-x^2-y^2}}=0, \\[2ex] f'_y=\dfrac{-y}{\sqrt{4-x^2-y^2}}=0. \end{cases}$$

解得函数驻点为 $(0,0)$，且 $f(0,0)=2$.

在 D 的边界上（$x^2+y^2=1$）

$$f(x,y)=\sqrt{4-x^2-y^2}\Big|_{x^2+y^2=1}=\sqrt{3}\,.$$

故函数 $f(x,y)$ 在点 $(0,0)$ 处取得最大值 $f(0,0)=2$.

例 9.25 某厂要用钢板做成一个体积为 $8\,\mathrm{m}^3$ 的有盖长方形水箱，问当长、宽、高各为多少时，才能使用料最省.

解 设水箱的长为 x m、宽为 y m、高为 z m．此水箱所用材料的面积为

$$S=2(xy+yz+zx)\,, \tag{1}$$

且

$$xyz=8\,. \tag{2}$$

由（2）式得 $z=\dfrac{8}{xy}$，代入（1）式，有

$$\begin{aligned}S&=2\left(xy+y\cdot\frac{8}{xy}+x\cdot\frac{8}{xy}\right)\\&=2xy+\frac{16}{x}+\frac{16}{y}(x>0,y>0),\end{aligned}$$

令 $\begin{cases}S'_x=2y-\dfrac{16}{x^2}=0,\\S'_y=2x-\dfrac{16}{y^2}=0.\end{cases}$ 解得 $\begin{cases}x=2,\\y=2.\end{cases}$

所以驻点为 $(2,2)$，由实际问题知 S 一定存在最小值，而驻点是唯一的，故 $(2,2)$ 是最小值点.

这时

$$z=\frac{8}{xy}\Big|_{\substack{x=2\\y=2}}=\frac{8}{4}=2.$$

答：当箱子的长、宽、高均为 2 m 时，所用钢板最省.

例 9.26 设某工厂生产 A、B 两种产品，其千件销售价格分别为 $p_1=12, p_2=18$（单位：万元）. 总成本 C（单位：万元）是两种产品产量 x 和 y（单位：千件）的函数

$$C(x,y)=2x^2+xy+2y^2.$$

当两种产品的产量为多少时，可获得利润最大，最大利润是多少？

解 收益函数为

$$R(x,y)=p_1x+p_2y=12x+18y.$$

利润是收益与成本之差，所以利润函数为

$$\begin{aligned}L(x,y)&=R(x,y)-C(x,y)\\&=(12x+18y)-(2x^2+xy+2y^2)\\&=12x+18y-2x^2-xy-2y^2.\end{aligned}$$

对利润函数求一阶偏导数，并由方程组

$$\begin{cases}L'_x(x,y)=12-4x-y=0,\\L'_y(x,y)=18-x-4y=0.\end{cases}$$

解得 $x=2, y=4$，即驻点为 $(2,4)$.

再求利润函数在点 $(2,4)$ 处的二阶偏导数，得

$$A=L''_{xx}(2,4)=-4,\ B=L''_{xy}(2,4)=-1,\ C=L''_{yy}(2,4)=-4,$$

所以 $AC-B^2=(-4)(-4)-(-1)^2=15>0$，

且 $A=-4<0$，

所以，$L(x,y)$ 在点 $(2,4)$ 处有极大值 $L(2,4)=48$，也是最大值，即当 A 种产品产量 $x=2$（千件），B 种产品产量 $y=4$（千件）时，获得利润最大，最大利润为48（万元）.

9.5.3 条件极值

上面所讨论的极值问题，对于函数的自变量，除了限制在函数的定义域内以外，并无其他限制条件，这种极值问题称为无条件极值. 但在实际问题中，自变量经常会受到某些条件的约束，这种对自变量有约束条件的极值问题称为条件极值或约束最优化.

条件极值问题的解法有两种：一是将条件极值转化为无条件极值，如例 9.25 就是求 $S=2xy+2xz+2yz$ 在自变量满足约束条件 $xyz=8$ 时的条件极值. 当我们从约束条件中解出 $z=\dfrac{8}{xy}$ 代入 S 中时，$S=2xy+\dfrac{16}{y}+\dfrac{16}{x}$，就变成了无条件极值，于是可以求解. 但实际问题中的许多条件极值转化为无条件极值时，是很复杂甚至是不可能的. 下面介绍求条件极值另外一种更一般的方法——拉格朗日乘数法.

拉格朗日乘数法 要求函数 $z=f(x,y)$ 在条件 $\varphi(x,y)=0$ 下的可能极值点，可先构造函数

$$F(x,y)=f(x,y)+\lambda\varphi(x,y),$$

其中，λ 为某一常数（称为拉格朗日乘数）. 然后求其对 x 和 y 的一阶偏导数，并使之为零. 由方程组

$$\begin{cases}f'_x(x,y)+\lambda\varphi'_x(x,y)=0,\\f'_y(x,y)+\lambda\varphi'_y(x,y)=0,\\\varphi(x,y)=0.\end{cases}$$

消去 λ，解出 x,y，得到的点 (x,y) 就是函数 $z=f(x,y)$ 的可能极值点.

至于这个点是否为极值点，往往由实际问题本身所具有的特性来确定. 如果某一问题确有极值，而且求出的又只有一个可能的极值点，那么这一点就是要求的极值点.

同样，对于三元函数 $f(x,y,z)$，求在约束条件 $\varphi(x,y,z)=0$，$\psi(x,y,z)=0$ 下的

极值，可作拉格朗日函数

$F(x,y,z)=f(x,y,z)+\lambda_1\varphi(x,y,z)+\lambda_2\psi(x,y,z)$，其中 λ_1，λ_2 是拉格朗日乘数．

由方程组

$$\begin{cases}F'_x=f'_x+\lambda_1\varphi'_x+\lambda_2\psi'_x=0,\\F'_y=f'_y+\lambda_1\varphi'_y+\lambda_2\psi'_y=0,\\F'_z=f'_z+\lambda_1\varphi'_z+\lambda_2\psi'_z=0,\\\varphi(x,y,z)=0,\\\psi(x,y,z)=0.\end{cases}$$

消去 λ_1，λ_2，解出 x,y,z．得到的点 (x,y,z) 就是函数 $z=f(x,y,z)$ 的可能极值点．

例 9.27 求表面积为 a^2 而体积为最大的长方体的体积．

解 设长方体的长、宽、高分别为 x,y,z，则问题化为在条件 $\varphi(x,y,z)=2(xy+yz+xz)-a^2=0$ 下，求函数 $V=xyz(x>0,y>0,z>0)$ 的最大值．

现构造函数 $F(x,y,z)=xyz+\lambda[2(xy+yz+xz)-a^2]$．

求其对 x,y,z 的偏导数并使之为零，解方程组

$$\begin{cases}yz+2\lambda(y+z)=0,\\xz+2\lambda(x+z)=0,\\xy+2\lambda(y+x)=0,\\2(xy+yz+xz)-a^2=0.\end{cases}$$

得
$$\frac{x}{y}=\frac{x+z}{y+z},\quad \frac{y}{z}=\frac{x+y}{x+z},$$

由上两式解得 $x=y=z$，代入约束条件得 $x=y=z=\frac{\sqrt{6}}{6}a.$

由于问题本身有最大值，因此，这唯一的可能极值点就是最大值点．即在表面积为 a^2 的长方体中，以棱长为 $\frac{\sqrt{6}}{6}a$ 的正方体体积最大，最大体积为 $\frac{\sqrt{6}}{36}a^3$.

例 9.28 某工厂生产两种商品的日产量为 x 和 y（件），总成本函数 $C(x,y)=8x^2-xy+12y^2$（元），商品的限额为 $x+y=42$，求最小成本．

解 约束条件为 $\varphi(x,y)=x+y-42=0$，作拉格朗日函数

$$F(x,y)=8x^2-xy+12y^2+\lambda(x+y-42).$$

求其对 x,y 的一阶偏导数，并使之为零，得方程组

$$\begin{cases}F'_x=16x-y+\lambda=0,\\F'_y=-x+24y+\lambda=0,\\x+y-42=0.\end{cases}$$

解得 $x=25$ 件，$y=17$ 件．故唯一驻点 $(25,17)$ 也是最小值点，它使成本为最小，

最小成本为

$$C(25,17)=8\times 25^2-25\times 17+12\times 17^2=8043\text{（元）}.$$

练习题 9.5

1．多项选择题.

（1）二元函数 $z=x^3-y^3+3x^2+3y^2-9x$ 的驻点为（　　）.

A．$(1,0)$　　B．$(1,2)$　　C．$(-3,0)$　　D．$(-3,2)$

（2）二元函数 $z=f(x,y)$ 中某点 (x_0,y_0) 使 $f_x'(x,y)=0$，$f_y'(x,y)=0$ 成立，则（　　）.

A．(x_0,y_0) 是 $f(x,y)$ 的驻点

B．(x_0,y_0) 是 $f(x,y)$ 的极值点

C．(x_0,y_0) 是 $f(x,y)$ 的最大值点或最小值点

D．(x_0,y_0) 可能是 $f(x,y)$ 的极值点

2．求下列各函数的极值.

（1）$z=x^2-xy+y^2+x-y+1$；　　（2）$z=(6x-x^2)(4y-y^2)$.

3．某厂家生产的一种产品同时在两个市场销售，销售价为 P_1 和 P_2，销售量分别为 Q_1 和 Q_2，需求函数分别为 $Q_1=24-0.2P_1$，$Q_2=10-0.5P_2$，总成本函数为 $C=34+40(Q_1+Q_2)$，问厂家如何确定两个市场的售价，能使其获得的总利润最大？最大利润为多少？

习题九

1．填空题.

（1）设 $f(x+y,x-y)=x^2+y^2$，则 $f(x,y)=$__________；

（2）如果函数 $f(x,y)=\sqrt{xy+\dfrac{x}{y}}$，则 $f_x'(2,1)=$________，$f_y'(2,1)=$________；

（3）设函数 $z=x\ln(xy)$，则 $\dfrac{\partial^2 z}{\partial x\partial y}=$__________；

（4）设函数 $z=3x^2y$，则 $\mathrm{d}z=$__________；

（5）函数 $z=x^2y^3$ 在点 $(2,-1)$ 处的全微分为__________；

（6）函数 $z=1-x^2-y^2$，在 $D=\{(x,y)|x^2+y^2\leqslant 1\}$ 上的最大值为________；最小值为________；

（7）求函数 $z=x^2+3xy+6y^2$ 的二阶偏导数：

① $f_{xx}''(x,y)=$________；② $f_{xy}''(x,y)=$________；③ $f_{yy}''(x,y)=$________；

（8）设函数 $z=\frac{u}{v}$，其中 $u=\mathrm{e}^x$ ，$v=x^2+3x$ 则 $\frac{\mathrm{d}z}{\mathrm{d}x}=$__________；

（9）二元函数 $z=x^3+y^3+xy$ 的极值是__________，且它是极__________值；

（10）二元函数 $z=x^2+y^2+2x$ 的驻点是__________.

2．选择题.

（1）二元函数 $z=\ln(1-x-y)$ 的定义域是（　　）.

A．$0<x+y<1$　　B．$0\leqslant x+y<1$

C．$x+y<1$　　D．$x+y\leqslant 1$

（2）设 $f(x,y)=\frac{x+y}{xy}$，则 $f(x+y,x-y)=$（　　）.

A．$\frac{2x}{y^2-x^2}$　　B．$\frac{2x}{x^2-y^2}$

C．$\frac{x}{x^2-y^2}$　　D．$\frac{2y}{x^2-y^2}$

（3）设 $f(x,y)=\begin{cases}0, & xy=0,\\ 1, & xy\neq 0.\end{cases}$则下列命题正确的是（　　）.

A．$(0,0)$ 是连续点　　B．$f_x'(0,0)$ 存在

C．$\lim\limits_{\substack{x\to 0\\ y\to 0}} f(x,y)$ 存在　　D．$(0,0)$ 处可微

（4）$\lim\limits_{\substack{x\to 0\\ y\to 0}}\frac{xy}{1+x^2+y^2}=$（　　）.

A．$\frac{1}{2}$　　B．$\frac{1}{3}$　　C．0　　D．不存在

（5）若函数 $z=f(x,y)$ 在点 $P_0(x_0,y_0)$ 处的两个偏导数 $\frac{\partial z}{\partial x}$ 和 $\frac{\partial z}{\partial y}$ 存在是它在点 P_0 处可微的（　　）.

A．充分条件　　B．必要条件

C．充要条件　　D．无关条件

（6）若函数 $z=f(x,y)$ 在点 $P_0(x_0,y_0)$ 处的两个偏导数 $\frac{\partial z}{\partial x}$ 和 $\frac{\partial z}{\partial y}$ 存在，则它在点 P_0 处（　　）.

A．连续　　B．可微

C．一定不连续　　D．不一定连续

（7）设 $z=f(x^2+y^2)$ 且 f 具有偏导数，则 $\frac{\partial z}{\partial x}+\frac{\partial z}{\partial y}=$（　　）.

A. $(2x+2y)f(x^2+y^2)$　　B. $(2x-2y)f(x^2-y^2)$

C. $(2x+2y)f'(x^2+y^2)$　　D. $(2x-2y)f'(x^2-y^2)$

（8）如果 $f'_x(x_0,y_0)=0$，$f'_y(x_0,y_0)=0$，则 $f(x,y)$ 在点 (x_0,y_0) 处（　　）.

A．有极值　　B．无极值

C．有极大值　　D．不一定有极值

（9）在下列各点中，是二元函数 $z=x^3-y^3-3x^2+3y-9x$ 的极值点的是（　　）.

A．$(-3,-1)$　　B．$(3,1)$　　C．$(-1,1)$　　D．$(-1,-1)$

（10）设函数 $z=x^3-y^3+3x^2+12y$，则极大值和极小值分别为（　　）.

A．$4,-12$　　B．$20,-16$

C．$4,-4$　　D．$20,4$

（11）设函数 $z=xy+\dfrac{50}{x}+\dfrac{20}{y}$，则 $f(5,2)=30$ 为（　　）.

A．最大值　　B．最小值

C．极大值　　D．极小值

（12）设函数 $z=f(x,y)$ 可微，且 $f'_x(x,y)=\sin x$，$f'_y(x,y)=\cos x$，则 $\mathrm{d}z=$（　　）.

A．$\sin x+\cos x$　　B．$\sin x\cdot\cos x$

C．$\sin x\mathrm{d}x+\cos x\mathrm{d}y$　　D．$\sin x\mathrm{d}x-\cos x\mathrm{d}y$

（13）如果 $z=\mathrm{e}^x\sin y$，则 $\mathrm{d}z=$（　　）.

A．$\mathrm{e}^x\sin y\mathrm{d}x+\mathrm{e}^x\cos y\mathrm{d}y$　　B．$\mathrm{e}^x\sin y\mathrm{d}x$

C．$\mathrm{e}^x\cos y\mathrm{d}y$　　D．$\mathrm{e}^x\cos y\mathrm{d}x\mathrm{d}y$

（14）设函数 $z=x^y$，则 $\left.\dfrac{\partial z}{\partial y}\right|_{\substack{x=\mathrm{e}\\y=1}}=$（　　）.

A．e　　B．$\dfrac{1}{\mathrm{e}}$　　C．1　　D．0

（15）设 $y-x\mathrm{e}^y=0$，则 $\dfrac{\mathrm{d}y}{\mathrm{d}x}=$（　　）.

A．$\dfrac{\mathrm{e}^y}{x\mathrm{e}^y-1}$　　B．$\dfrac{\mathrm{e}^y}{1-x\mathrm{e}^y}$　　C．$\dfrac{1-x\mathrm{e}^y}{\mathrm{e}^y}$　　D．$\dfrac{x\mathrm{e}^y-1}{\mathrm{e}^y}$

3．求下列极限.

（1）$\lim\limits_{\substack{x\to1\\y\to2}}\dfrac{3xy+x^2y^2}{x+y}$；　　（2）$\lim\limits_{\substack{x\to0\\y\to0}}\dfrac{2-\sqrt{xy+4}}{xy}$；

（3）$\lim\limits_{\substack{x\to 0\\ y\to 1}}\dfrac{\arcsin(x^2+y^2)}{1+e^{xy}}$；（4）$\lim\limits_{\substack{x\to 0\\ y\to 0}}\dfrac{\sin 3(x^2+y^2)}{x^2+y^2}$．

4．求下列函数的偏导数．

（1）$z=xe^{-xy}$；（2）$z=\ln\sin(x-2y)$；

（3）$z=\arctan\sqrt{x^y}$；（4）$z=\sin\dfrac{x}{y}\cos\dfrac{y}{x}$．

5．求下列函数的二阶偏导数．

（1）$z=x\ln y+y\ln x$；（2）$z=x^2\sin\dfrac{y}{x}$；

（3）$z=x^{xy}$；（4）$u=xy^2z^3+x^2y-xz$．

6．求下列函数的全微分．

（1）$z=y^{\sin x}$；（2）$z=\ln(x+\ln y)$．

7．求下列函数的全导数．

（1）$z=\sqrt{x^4+y^4}$，其中 $x=\sin t, y=1-e^{2t}$；

（2）$z=f(x,\tan x)$．

8．已知函数 $f(x,y)=e^x\sin(x+y)$，求 $f_x'(0,\dfrac{\pi}{4}), f_y'(0,\dfrac{\pi}{4})$．

9．求由方程 $\cos^2 x+\cos^2 y+\cos^2 z=1$ 所确定的函数 $z=f(x,y)$ 的全微分 dz．

10．证明函数 $u=(x-y)(y-z)(z-x)$ 满足方程 $\dfrac{\partial u}{\partial x}+\dfrac{\partial u}{\partial y}+\dfrac{\partial u}{\partial z}=0$．

11．求下列函数的极值．

（1）$z=4(x-y)-x^2-y^2$；（2）$z=e^{2x}(x+y^2+2y)$．

12．求函数 $f(x,y)=\sqrt{4-x^2-y^2}$ 在圆域 $x^2+y^2\leqslant 1$ 上的最大值．

13．求函数 $z=x+2y$ 在条件 $x^2+y^2=5$ 下的极值．

14．在斜边长为 c 的一切直角三角形中，求有最大周长的直角三角形．

15．试求椭圆 $5x^2+4xy+2y^2=1$ 的面积．

16．试求 a,b 的值，使得椭圆 $\dfrac{x^2}{a^2}+\dfrac{y^2}{b^2}=1$ 包含圆 $x^2+y^2=2y$ 并且面积为最小．

17．某工厂生产两种产品，其中甲种产品成本为5元/kg，乙种产品成本为6元/kg，如果甲、乙两种产品的每千克售价分别为 x 元和 y 元，则每周甲种产品的销售量为 $N_1=2500(y-x)$，乙种产品的销售量为 $N_2=32000+2500(x-2y)$．问两种产品如何定价，才能使每周的总利润最大？

第 10 章　多元函数积分学

【学习目标】

- 理解二重积分的概念和性质，了解二重积分的中值定理.
- 掌握二重积分的（直角坐标、极坐标）计算方法.
- 会用二重积分求一些几何量与物理量.
- 了解曲线积分与曲面积分的概念.

多元函数积分学一般包括重积分、曲线积分和曲面积分，它们都是定积分概念的推广．定积分是一种特定形式的和式的极限，这种和式的极限概念推广到定义在平面区域、曲线及曲面上多元函数的情形，便得到二重积分、曲线积分及曲面积分的概念.

10.1　二重积分的概念与性质

10.1.1　二重积分的概念

1．曲顶柱体的体积

设有一立体，它的底是 xOy 面上的闭区域 D，它的侧面是以 D 的边界曲线为准线而母线平行于 z 轴的柱面，它的顶是曲面 $z=f(x,y)$，这里 $f(x,y)\geqslant 0$ 且在 D 上连续．这种立体叫做**曲顶柱体**．如图 10-1 所示．现在我们来讨论如何计算曲顶柱体的体积 V.

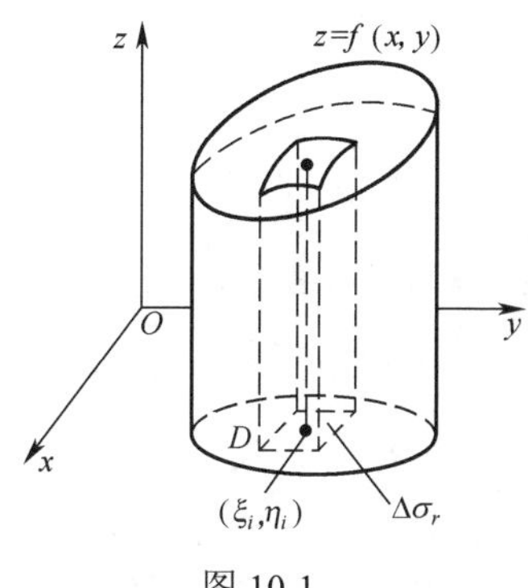

图 10-1

由于柱体的高 $z=f(x,y)$ 是变动的，所以不能使用通常的柱体体积公式来计算其体积 V．但 $f(x,y)$ 在区域 D 上是连续的，所以在小范围内它的变动不大，可以近似地看成不变．因此，可用类似于求曲边梯形的面积的方法来求解，即分割、近似代替、求和、取极限．

首先，用一组曲线网把 D 任意分成 n 个小区域 $\Delta\sigma_1,\Delta\sigma_2,\cdots,\Delta\sigma_n$，同时第 i 个小区域 $\Delta\sigma_i$ 的面积仍用 $\Delta\sigma_i$ 表示．分别以这些小闭区域的边界曲线为准线，作母线平行于 z 轴的柱面，这些柱面把原来的曲顶柱体分为 n 个细曲顶柱体．当这些小闭区域的直径很小时，由于 $f(x,y)$ 连续，对同一个小闭区域来说，$f(x,y)$ 变化很小，这时细曲顶柱体可近似看作平顶柱体．此时我们在每个 $\Delta\sigma_i$ 中任取一点 (ξ_i,η_i)，用 $f(\xi_i,\eta_i)$ 为高，$\Delta\sigma_i$ 为底的平顶柱体的体积为 $f(\xi_i,\eta_i)\Delta\sigma_i(i=1,2,\cdots,n)$ 近似代替对应的 $\Delta\sigma_i$ 为底的细曲顶柱体的体积．这 n 个平顶柱体体积之和 $\sum_{i=1}^{n}f(\xi_i,\eta_i)\Delta\sigma_i$，可以作为所求曲顶柱体体积 V 的近似值，即

$$V\approx\sum_{i=1}^{n}f(\xi_i,\eta_i)\Delta\sigma_i .$$

为求得曲顶柱体体积的精确值，将分割加密且取极限，所得的极限值便是曲顶柱体的体积 V．即

$$V=\lim_{\lambda\to 0}\sum_{i=1}^{n}f(\xi_i,\eta_i)\Delta\sigma_i .$$

其中 λ 是所有小区域 $\Delta\sigma_i\quad(i=1,2,\cdots,n)$ 的直径中的最大值．

2. 平面薄片的质量

设有一平面薄片占有 xOy 面上的闭区域 D，它在点 (x,y) 处的面密度为 $\rho(x,y)$，这里 $\rho(x,y)>0$ 且在 D 上连续．现在要计算该薄片的质量 M．

对于这个问题我们仍用计算曲顶柱体体积的方法来处理．

用一组曲线网把 D 分成 n 个小区域 $\Delta\sigma_1,\Delta\sigma_2,\cdots,\Delta\sigma_n$，把各小块近似地看作均匀薄片，第 $i(i=1,2,\cdots,n)$ 个小片薄 $\Delta\sigma_i$ 的质量的近似值为 $\rho(\xi_i,\eta_i)\Delta\sigma_i$ $(i=1,2,\cdots,n)$．

各小块质量的和作为平面薄片的质量的近似值：

$$M\approx\sum_{i=1}^{n}\rho(\xi_i,\eta_i)\Delta\sigma_i .$$

将分割加细，取极限，得到平面薄片的质量

$$M=\lim_{\lambda\to 0}\sum_{i=1}^{n}\rho(\xi_i,\eta_i)\Delta\sigma_i .$$

其中 λ 是所有小区域 $\Delta\sigma_i\quad(i=1,2,\cdots,n)$ 的直径中的最大值．

上面两个问题都是把所求量归结为和式的极限．由于在物理、几何和工程技术中，许多量都可归结为这种和式的极限，所以有必要研究这种和式的极限．如

果抛开这些问题的具体意义，抓住它们在数量关系上的这种共同的本质和特性加以概括，就可抽象出二重积分的定义.

3. 二重积分的定义

定义 10.1 设函数 $f(x,y)$ 在有界闭区域 D 上有定义，将 D 任意分割成 n 个小闭区域 $\Delta\sigma_1,\Delta\sigma_2,\cdots,\Delta\sigma_n$，其中 $\Delta\sigma_i$ 表示第 i 个小区域，也表示它的面积. 在每个 $\Delta\sigma_i$ 上任取一点 (ξ_i,η_i)，作和式

$$\sum_{i=1}^{n} f(\xi_i,\eta_i)\Delta\sigma_i .$$

如果当各小闭区域的直径中的最大值 λ 趋于零时，该和式的极限总存在，则称此极限为函数 $f(x,y)$ 在闭区域 D 上的**二重积分**，记作 $\iint\limits_D f(x,y)\mathrm{d}\sigma$，即

$$\iint\limits_D f(x,y)\mathrm{d}\sigma=\lim_{\lambda\to 0}\sum_{i=1}^{n} f(\xi_i,\eta_i)\Delta\sigma_i .$$

其中，$f(x,y)$ 称为**被积函数**，$f(x,y)\mathrm{d}\sigma$ 称为**被积表达式**，$\mathrm{d}\sigma$ 称为**面积微元**，x,y 称为**积分变量**，D 称为**积分区域**.

注意：（1）任意分割闭区域 D 且在分割后的每个小闭区域 $\Delta\sigma_i$ 上任意取一点 (ξ_i,η_i)，若对应的和式的极限都存在时，二重积分才存在，这时也称函数 $f(x,y)$ 在 D 上是可积的. 可以证明：当被积函数 $f(x,y)$ 在闭区域 D 上连续时，$f(x,y)$ 必可积. 今后我们总假定函数 $f(x,y)$ 在闭区域 D 上连续，所以 $f(x,y)$ 在 D 上的二重积分总是存在的.

（2）和式极限的存在与区域 D 的分割方法以及点 (ξ_i,η_i) 的取法无关. 因此，在已知函数 $f(x,y)$ 在 D 上是可积的情况下，要计算出二重积分的值. 我们就可以采用特殊的分法和取法，便于计算二重积分的值.

例如在直角坐标系中用平行于坐标轴的直线网来划分 D，那么除了包含边界点的一些小闭区域外，其余的小闭区域都是矩形闭区域. 设矩形闭区域 $\Delta\sigma_i$ 的边长为 Δx_i 和 Δy_i，则 $\Delta\sigma_i=\Delta x_i\Delta y_i$. 因此在直角坐标系中，有时也把面积元素 $\mathrm{d}\sigma$ 记作 $\mathrm{d}x\mathrm{d}y$，而把二重积分记作

$$\iint\limits_D f(x,y)\mathrm{d}x\mathrm{d}y .$$

其中，$\mathrm{d}x\mathrm{d}y$ 叫做直角坐标系中的**面积元素**.

（3）二重积分的几何意义：在闭区域 D 上，当 $f(x,y)\geqslant 0$ 时，以 D 为底，$z=f(x,y)$ 为顶的曲顶柱体位于 xOy 面的上方，所以二重积分 $\iint\limits_D f(x,y)\mathrm{d}\sigma$ 表示该曲顶柱体的体积；当 $f(x,y)\leqslant 0$ 时，曲顶柱体在 xOy 面的下方，此时，$\iint\limits_D f(x,y)\mathrm{d}\sigma$ 的值是负的，所以二重积分 $\iint\limits_D f(x,y)\mathrm{d}\sigma$ 表示曲顶柱体的体积的负值；当 $f(x,y)$ 在 D

上既有正又有负时，二重积分 $\iint\limits_D f(x,y)\mathrm{d}\sigma$ 的值等于各部分区域上的曲顶柱体体积的代数和（即 xOy 面上方的曲顶柱体体积之和减去 xOy 面下方的曲顶柱体体积之和）.

10.1.2 二重积分的性质

二重积分与定积分有相类似的性质.现将这些性质表述如下,其中 D 是 xOy 面上的有界闭区域.

性质 1 设 C_1, C_2 为常数，则

$$\iint\limits_D [C_1 f(x,y)+C_2 g(x,y)]\mathrm{d}\sigma = C_1\iint\limits_D f(x,y)\mathrm{d}\sigma + C_2\iint\limits_D g(x,y)\mathrm{d}\sigma .$$

性质 2 （区域可加性）如果闭区域 D 被有限条曲线分为有限个部分闭区域，则在 D 上的二重积分等于在各部分闭区域上的二重积分的和. 例如 D 分为两个闭区域 D_1 与 D_2，则

$$\iint\limits_D f(x,y)\mathrm{d}\sigma = \iint\limits_{D_1} f(x,y)\mathrm{d}\sigma + \iint\limits_{D_2} f(x,y)\mathrm{d}\sigma .$$

性质 3 如果在区域 D 上，$f(x,y)\equiv 1$，则二重积分在数值上等于区域 D 的面积，即

$$\iint\limits_D 1\cdot \mathrm{d}\sigma = \iint\limits_D \mathrm{d}\sigma = \sigma .$$

其中 σ 为区域 D 的面积.

性质 4 如果在区域 D 上，$f(x,y)\leqslant g(x,y)$，则有不等式

$$\iint\limits_D f(x,y)\mathrm{d}\sigma \leqslant \iint\limits_D g(x,y)\mathrm{d}\sigma .$$

性质 5 设 M，m 分别是 $f(x,y)$ 在有界闭区域 D 上的最大值和最小值，则有

$$m\sigma \leqslant \iint\limits_D f(x,y)\mathrm{d}\sigma \leqslant M\sigma .$$

其中 σ 为区域 D 的面积.

性质 6（二重积分的中值定理） 设函数 $f(x,y)$ 在有界闭区域 D 上连续，σ 为 D 的面积，则在 D 上至少存在一点 (ξ,η)，使得

$$\iint\limits_D f(x,y)\mathrm{d}\sigma = f(\xi,\eta)\sigma .$$

中值定理的几何意义为：在区间 D 上以曲面 $f(x,y)$ 为顶的曲顶柱体的体积等于区域 D 上以某一点 (ξ,η) 的函数值 $f(\xi,\eta)$ 为高的平顶柱体的体积.

例 10.1 设 D 是由 $\{(x,y)\,|\,x^2+y^2\leqslant 1\}$ 所确定的闭区域，利用二重积分的性质计算 $\iint\limits_D \mathrm{d}x\mathrm{d}y$.

解 由二重积分的性质 3，$\iint\limits_D \mathrm{d}x\mathrm{d}y=\sigma$，其中 σ 是区域 D 的面积.

而$\sigma=\pi\cdot 1^2=\pi$，所以$\iint\limits_D \mathrm{d}x\mathrm{d}y=\pi$.

例 10.2 利用二重积分的性质估计二重积分$\iint\limits_D (x+y+1)\mathrm{d}\sigma$的值，其中$D$是矩形区域：$0\leqslant x\leqslant 1$，$0\leqslant y\leqslant 2$.

解 因为在D上有$1\leqslant x+y+1\leqslant 4$，而$D$的面积为 2，由性质 5 可得

$$2\leqslant \iint\limits_D (x+y+1)\mathrm{d}\sigma\leqslant 8.$$

练习题 10.1

1．试用二重积分表示半球$x^2+y^2+z^2\leqslant a^2$，$z\geqslant 0$的体积V.

2．设D是矩形区域：$|x|\leqslant 1$，$|y|\leqslant 1$，利用二重积分的性质计算$\iint\limits_D \mathrm{d}x\mathrm{d}y$.

3．设D是由直线$y=x$，$y=\dfrac{1}{2}x$，$x=1$所围成的闭区域，利用二重积分的性质计算$\iint\limits_D \mathrm{d}x\mathrm{d}y$.

4．估计二重积分$\iint\limits_D (x+3y+5)\mathrm{d}\sigma$的值，其中$D$是矩形区域：$0\leqslant x\leqslant 1$，$0\leqslant y\leqslant 2$.

10.2 二重积分的计算

在实际应用中，直接通过二重积分的定义与性质来计算二重积分一般是比较困难的．这里，我们从二重积分的几何意义引出其计算方法，化二重积分为二次积分.

10.2.1 利用直角坐标系计算二重积分

在直角坐标系中，二重积分$\iint\limits_D f(x,y)\mathrm{d}\sigma=\iint\limits_D f(x,y)\mathrm{d}x\mathrm{d}y$.

1．积分区域D为X-型区域

若积分区域D可用不等式$\varphi_1(x)\leqslant y\leqslant \varphi_2(x)$，$a\leqslant x\leqslant b$来表示，其中函数$\varphi_1(x)$与$\varphi_2(x)$在区间$[a,b]$上连续，这样的区域$D$称为$X$**－型区域**，如图 10-2 所示.

可以看出该区域的特点：穿过D内部且平行于y轴的直线与D的边界至多交于两点.

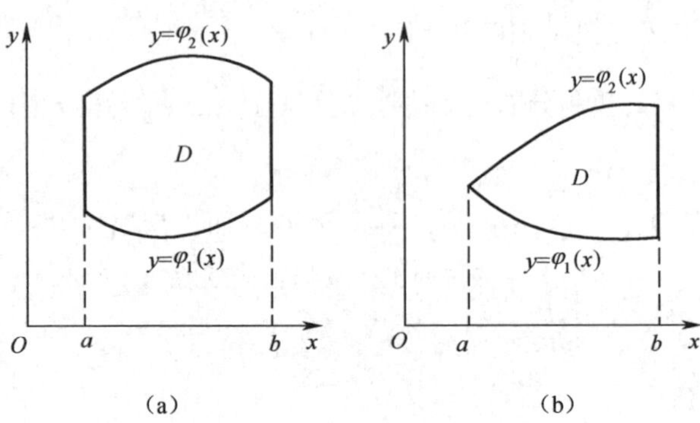

图 10-2

设函数 $z=f(x,y)$ 在有界闭区域 D 上连续，且 $f(x,y)\geqslant 0$，由二重积分的几何意义，此时二重积分 $\iint\limits_D f(x,y)\mathrm{d}\sigma$ 在几何上表示以曲面 $z=f(x,y)$ 为顶，以区域 D 为底的曲顶柱体的体积．另一方面，这个曲顶柱体的体积也可按“平行截面面积为已知的立体体积”（定积分应用）的计算方法来求．如图 10-3 所示．

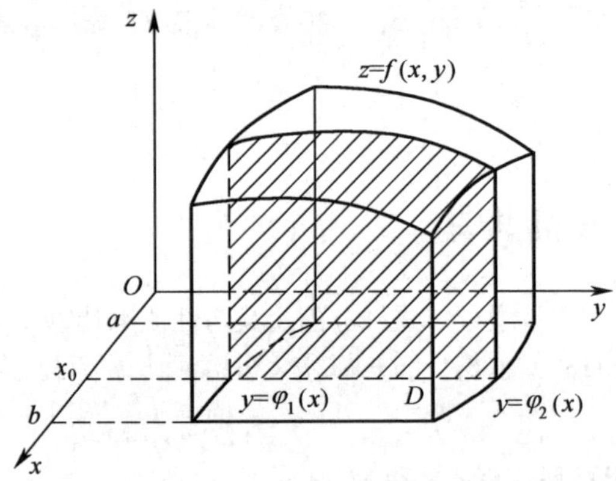

图 10-3

先求截面面积 $A(x)$．对于 $x_0\in[a,b]$，曲顶柱体在 $x=x_0$ 的截面为以区间$[\varphi_1(x_0),\varphi_2(x_0)]$为底、以曲线 $z=f(x_0,y)$ 为曲边的曲边梯形，所以该截面的面积为

$$A(x_0)=\int_{\varphi_1(x_0)}^{\varphi_2(x_0)} f(x_0,y)\mathrm{d}y\ .$$

故对 $[a,b]$ 上任一点 x，对应的截面面积为

$$A(x)=\int_{\varphi_1(x)}^{\varphi_2(x)} f(x,y)\mathrm{d}y\ .$$

于是得曲顶柱体体积为

$$V=\int_a^b A(x)\mathrm{d}x=\int_a^b\left[\int_{\varphi_1(x)}^{\varphi_2(x)} f(x,y)\mathrm{d}y\right]\mathrm{d}x .$$

即
$$V=\iint_D f(x,y)\mathrm{d}x\mathrm{d}y=\int_a^b\left[\int_{\varphi_1(x)}^{\varphi_2(x)} f(x,y)\mathrm{d}y\right]\mathrm{d}x .$$

记为

$$\iint_D f(x,y)\mathrm{d}x\mathrm{d}y=\int_a^b\mathrm{d}x\int_{\varphi_1(x)}^{\varphi_2(x)} f(x,y)\mathrm{d}y . \tag{10.1}$$

即二重积分可化成先对 y 后对 x 的二次积分来计算．第一次计算单积分 $A(x)=\int_{\varphi_1(x)}^{\varphi_2(x)} f(x,y)\mathrm{d}y$ 时，x 应看作常量，这时 y 是积分变量；第二次积分时，x 是积分变量．如果去掉上面讨论中 $f(x,y)\geqslant 0$（$(x,y)\in D$）的限制，式（10.1）亦成立.

2. 积分区域 D 为 Y－型区域

若积分区域 D 可用不等式$\psi_1(y)\leqslant x\leqslant\psi_2(y)$，$c\leqslant y\leqslant d$ 来表示，其中函数$\psi_1(y)$与$\psi_2(y)$在区间$[c,d]$上连续，这样的区域D称为Y－**型区域**，如图 10-4 所示.

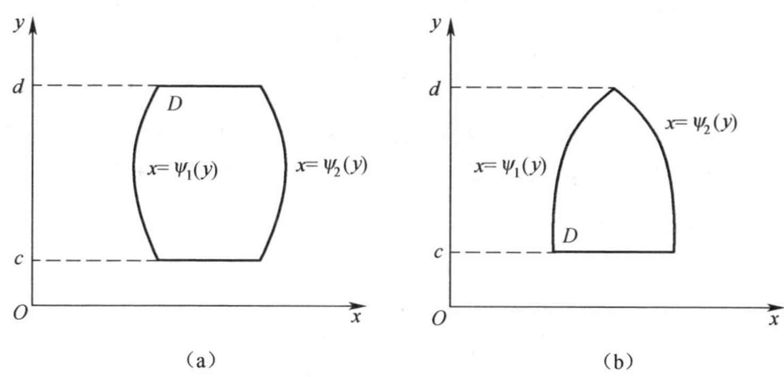

图 10-4

该区域的特点：穿过 D 内部且平行于 x 轴的直线与 D 的边界至多交于两点．根据 X－型区域的计算方法有

$$\iint_D f(x,y)\mathrm{d}x\mathrm{d}y=\int_c^d\mathrm{d}y\int_{\psi_1(y)}^{\psi_2(y)} f(x,y)\mathrm{d}x . \tag{10.2}$$

公式（10.2）是把二重积分化为先对 x 后对 y 的二次积分来计算.

另外，有些积分区域 D 既可看成 X－型区域，又可看成 Y－型区域，如图 10-5 所示，这时有

$$\int_a^b\mathrm{d}x\int_{\varphi_1(x)}^{\varphi_2(x)} f(x,y)\mathrm{d}y=\int_c^d\mathrm{d}y\int_{\psi_1(y)}^{\psi_2(y)} f(x,y)\mathrm{d}x . \tag{10.3}$$

公式（10.3）常用来交换二重积分的积分次序.

注意：（1）公式（10.1）、（10.2）对于 $f(x,y)$ 在区域 D 上任意取值的情形也

是成立的;

（2）二重积分化为二次积分计算时，确定二次积分的积分限是一个关键. 下面以 $X-$ 型区域为例说明如何确定二次积分的积分限. 先画出积分区域图，如图 10-6 所示.

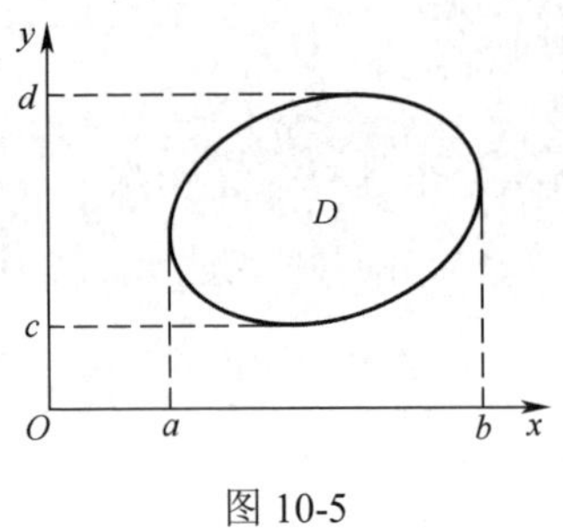

图 10-5

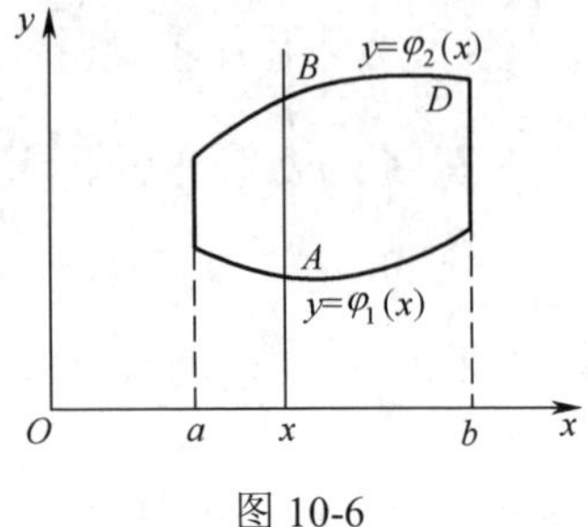

图 10-6

在区间 $[a,b]$ 上任意取定一点 x，过此点作一条平行于 y 轴的直线，顺着 y 轴正向看去，点 A 是该直线穿入区域 D 的点，A 点的纵坐标 $\varphi_1(x)$ 就是积分的下限，点 B 是穿出区域 D 的点，它的纵坐标 $\varphi_2(x)$ 是积分的上限，把计算的结果再对 x 在区间 $[a,b]$ 上作定积分. 同理可得 $Y-$ 型区域的定限方法.

（3）上述 $X-$ 型（$Y-$ 型）区域都要求平行于 y 轴（x 轴）的直线与区域 D 的边界曲线相交不多于两个点. 如果不满足此条件（如图 10-7 所示），总可先把 D 分成若干个部分区域，使每一部分成为 $X-$ 型（$Y-$ 型）区域，由第一节性质 2（区域可加性）知，在 D 上的二重积分等于各部分区域上的积分之和.

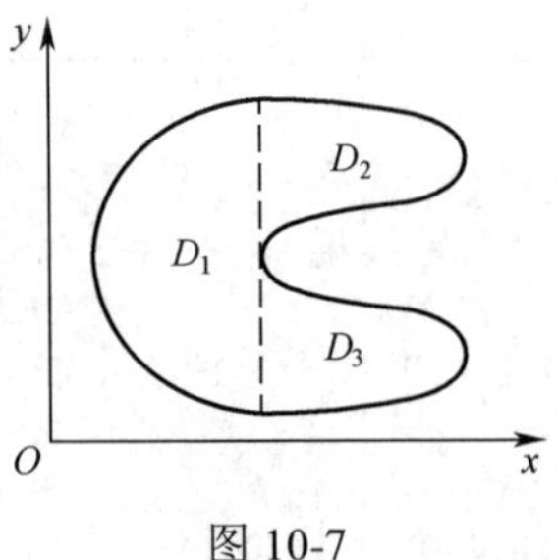

图 10-7

例 10.3 计算 $\iint\limits_D e^{x+y}d\sigma$，其中 D 是由直线 $x=0$，$x=1$ 及直线 $y=1, y=2$ 所围成的闭区域.

解 首先画出区域 D（如图 10-8 所示）. D 是矩形区域：$0\leqslant x\leqslant 1$，$1\leqslant y\leqslant 2$，可看成是 X—型区域，又可看成是 Y—型区域，于是

$$\iint\limits_D e^{x+y}d\sigma=\int_0^1 dx\int_1^2 e^{x+y}dy$$

$$= \int_1^2 dy \int_0^1 e^{x+y} dx$$

$$= \int_0^1 e^x dx \int_1^2 e^y dy = e(e-1)^2.$$

例 10.4 计算 $\iint\limits_D xy d\sigma$，其中 D 是由直线 $y=1$，$x=0$ 及 $y=x$ 所围成的闭区域.

解 画出区域 D（如图 10-9 所示）.

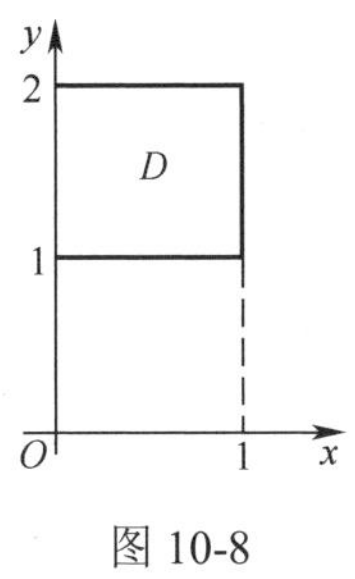

图 10-8

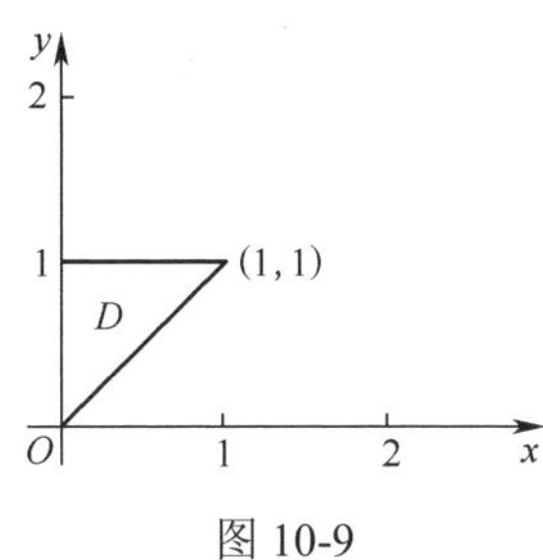

图 10-9

解法 1 可把 D 看成是 X—型区域：$0 \leqslant x \leqslant 1$，$x \leqslant y \leqslant 1$．于是

$$\iint\limits_D xy d\sigma = \int_0^1 dx \int_x^1 xy dy$$

$$= \int_0^1 \left[x \cdot \frac{y^2}{2} \right]_x^1 dx = \frac{1}{2} \int_0^1 (x - x^3) dx$$

$$= \frac{1}{2} \left[\frac{x^2}{2} - \frac{x^4}{4} \right]_0^1 = \frac{1}{8}.$$

解法 2 也可把 D 看成是 Y—型区域：$0 \leqslant y \leqslant 1$，$0 \leqslant x \leqslant y$．于是

$$\iint\limits_D xy d\sigma = \int_0^1 dy \int_0^y xy dx$$

$$= \int_0^1 \left[y \cdot \frac{x^2}{2} \right]_0^y dy = \int_0^1 \left(\frac{y^3}{2} \right) dy$$

$$= \left[\frac{y^4}{8} \right]_0^1 = \frac{1}{8}.$$

例 10.5 计算 $\iint\limits_D y\sqrt{1+x^2-y^2} d\sigma$，其中 D 是由直线 $x=-1, y=1$ 及 $y=x$ 所围成的闭区域.

解 画出区域 D(如图 10-10(a)所示)，可把 D 看成是 X—型区域：$-1 \leqslant x \leqslant 1$，$x \leqslant y \leqslant 1$.

于是

$$\iint\limits_D y\sqrt{1+x^2-y^2} d\sigma = \int_{-1}^1 dx \int_x^1 y\sqrt{1+x^2-y^2} dy$$

$$= -\frac{1}{3}\int_{-1}^{1}[(1+x^2-y^2)^{\frac{3}{2}}]_x^1 \mathrm{d}x = -\frac{1}{3}\int_{-1}^{1}(|x|^3-1)\mathrm{d}x$$

$$= -\frac{2}{3}\int_{0}^{1}(x^3-1)\mathrm{d}x = \frac{1}{2}.$$

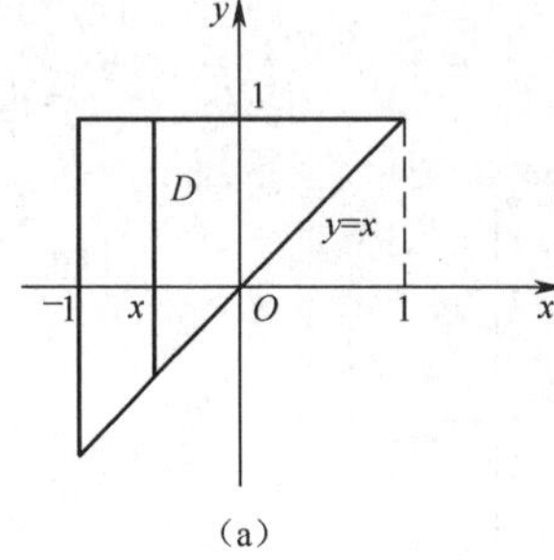

（a）

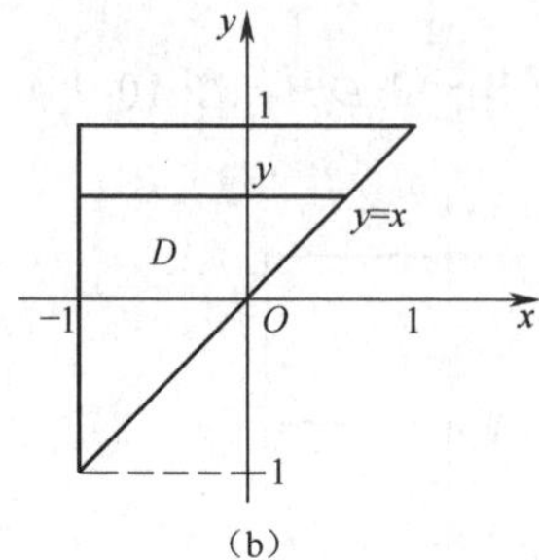

（b）

图 10-10

D 也可看成是 Y—型区域（如图 10-10（b）所示）：$-1 \leqslant y \leqslant 1$, $-1 \leqslant x \leqslant y$.

于是

$$\iint\limits_D y\sqrt{1+x^2-y^2}\mathrm{d}\sigma = \int_{-1}^{1} y\mathrm{d}y\int_{-1}^{y}\sqrt{1+x^2-y^2}\mathrm{d}x .$$

这个积分的计算比较麻烦，此例说明用公式（10.1）比用公式（10.2）计算较为方便.

例 10.6 计算 $\iint\limits_D xy\mathrm{d}\sigma$，其中 D 是由直线 $y = x-2$ 及抛物线 $y^2 = x$ 所围成的闭区域.

解 积分区域 D（如图 10-11 所示）可以表示为 $D = D_1+D_2$.

其中 D_1：$0 \leqslant x \leqslant 1$, $-\sqrt{x} \leqslant y \leqslant \sqrt{x}$ ；D_2：$1 \leqslant x \leqslant 4$, $x-2 \leqslant y \leqslant \sqrt{x}$. 于是

$$\iint\limits_D xy\mathrm{d}\sigma = \int_0^1 \mathrm{d}x\int_{-\sqrt{x}}^{\sqrt{x}} xy\mathrm{d}y + \int_1^4 \mathrm{d}x\int_{x-2}^{\sqrt{x}} xy\mathrm{d}y$$

$$= \int_0^1 x\left[\frac{y^2}{2}\right]_{-\sqrt{x}}^{\sqrt{x}}\mathrm{d}x + \int_1^4 x\left[\frac{y^2}{2}\right]_{x-2}^{\sqrt{x}}\mathrm{d}x$$

$$= 0 + 5\frac{5}{8} = 5\frac{5}{8}.$$

积分区域 D(如图 10-12 所示)也可以表示为 D: $-1 \leqslant y \leqslant 2$, $y^2 \leqslant x \leqslant y+2$.

于是

$$\iint\limits_D xy\mathrm{d}\sigma = \int_{-1}^{2}\mathrm{d}y\int_{y^2}^{y+2} xy\mathrm{d}x = \int_{-1}^{2}\left[\frac{x^2}{2}y\right]_{y^2}^{y+2}\mathrm{d}y = \frac{1}{2}\int_{-1}^{2}[y(y+2)^2 - y^5]\mathrm{d}y$$

$$= \frac{1}{2}\left[\frac{y^4}{4} + \frac{4}{3}y^3 + 2y^2 - \frac{y^6}{6}\right]_{-1}^{2} = 5\frac{5}{8}.$$

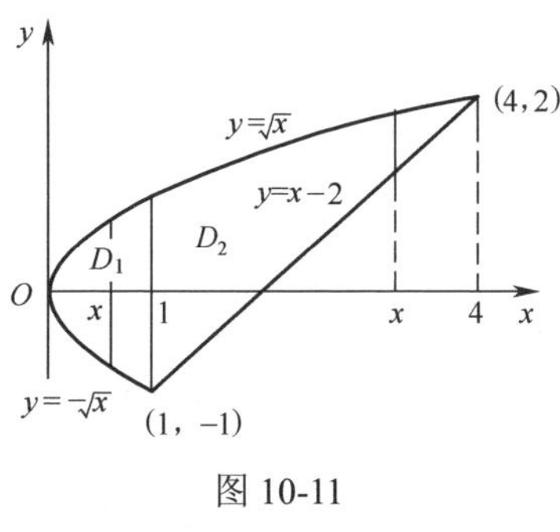

图 10-11

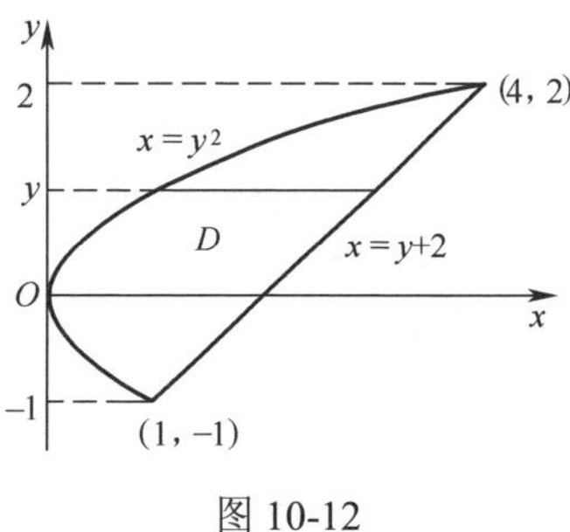

图 10-12

例 10.7 计算 $\iint\limits_D \frac{\sin y}{y}\mathrm{d}x\mathrm{d}y$，其中 D 是由直线 $y=x$ 及抛物线 $y^2=x$ 所围成的闭区域.

解 画出积分区域 D（如图 10-13 所示）.

若按 X—型区域，就要先计算定积分 $\int_x^{\sqrt{x}}\frac{\sin y}{y}\mathrm{d}y$，由于 $\frac{\sin y}{y}$ 的原函数不是初等函数，因而积分 $\int_x^{\sqrt{x}}\frac{\sin y}{y}\mathrm{d}y$ 无法用牛顿—莱布尼茨公式算出.

若按 Y—型区域，用公式（10.2），则有

$$\begin{aligned}\iint\limits_D \frac{\sin y}{y}\mathrm{d}x\mathrm{d}y &= \int_0^1\mathrm{d}y\int_{y^2}^{y}\frac{\sin y}{y}\mathrm{d}x = \int_0^1\frac{\sin y}{y}(y-y^2)\mathrm{d}y\\ &= \int_0^1(1-y)\sin y\mathrm{d}y = \int_0^1(y-1)\mathrm{d}(\cos y)\\ &=1-\sin 1.\end{aligned}$$

注意：以上几例表明，二重积分的计算过程是否简洁，甚至能否得到结果，与积分次序的选择有关系．所以一定要根据积分区域 D 的类型，来确定先对 y 还是先对 x 进行积分.

例 10.8 交换二次积分

$$\int_0^1\mathrm{d}x\int_0^x f(x,y)\mathrm{d}y+\int_1^2\mathrm{d}x\int_0^{2-x}f(x,y)\mathrm{d}y$$

的积分次序.

解 这个积分可以看作区域 $D=D_1+D_2$（如图 10-14 所示）上的一个二重积分，其中 D_1 由直线 $y=0,\quad y=x,\quad x=1$ 所围成，D_2 由直线 $y=0,\quad y=2-x,\quad x=1$ 所围成. 现将它化成先对 x、后对 y 的二次积分，此时 D：$0\leqslant y\leqslant 1$，$y\leqslant x\leqslant 2-y$，于是有，

$$\int_0^1\mathrm{d}x\int_0^x f(x,y)\mathrm{d}y+\int_1^2\mathrm{d}x\int_0^{2-x}f(x,y)\mathrm{d}y=\int_0^1\mathrm{d}y\int_y^{2-y}f(x,y)\mathrm{d}x\ .$$

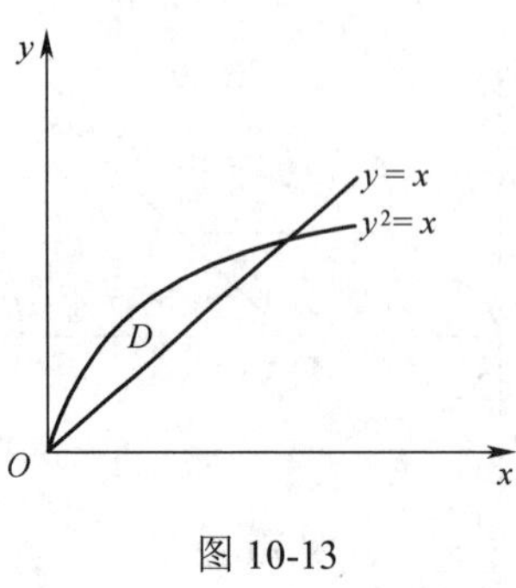

图 10-13

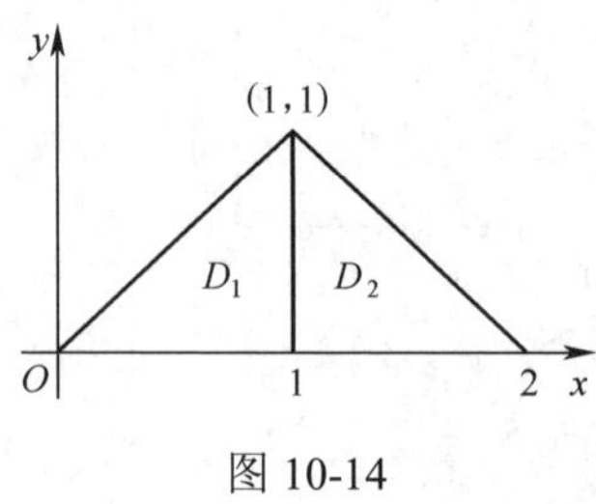

图 10-14

10.2.2 利用极坐标计算二重积分

有些二重积分，积分区域 D 的边界曲线用极坐标方程来表示比较方便，且被积函数用极坐标变量 r，θ 表达比较简单．这时我们就可以考虑利用极坐标来计算二重积分 $\iint\limits_D f(x,y)\mathrm{d}\sigma$.

对直角坐标系下的二重积分 $\iint\limits_D f(x,y)\mathrm{d}\sigma$，可用下面的方法将它变换成极坐标系下的二重积分：

（1）通过变换 $x=r\cos\theta,\ y=r\sin\theta$，将被积函数 $f(x,y)$ 化为 r，θ 的函数，即 $f(x,y)=f(r\cos\theta,r\sin\theta)$；

（2）将积分区域 D 的边界曲线用极坐标方程 $r=r(\theta)$ 来表示；

（3）将面积微元 $\mathrm{d}\sigma$ 表示成极坐标系下的面积微元 $r\mathrm{d}r\mathrm{d}\theta$（如图 10-15 所示）．于是 $\iint\limits_D f(x,y)\mathrm{d}\sigma=\iint\limits_D f(r\cos\theta,r\sin\theta)r\mathrm{d}r\mathrm{d}\theta$.

利用极坐标计算二重积分，同样是把二重积分化为二次积分．这里我们只介绍先 r 后 θ 的次序.如何确定两次积分的上下限,要根据极点与区域 D 的位置而定,现分三种情形加以讨论：

（1）极点在区域 D 的外部（如图 10-16 所示）.

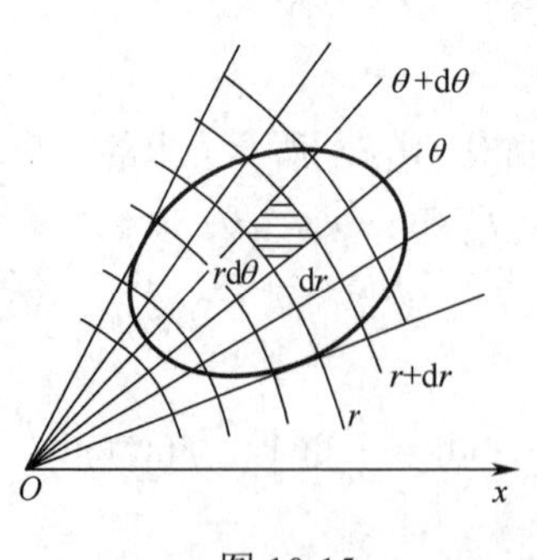

图 10-15

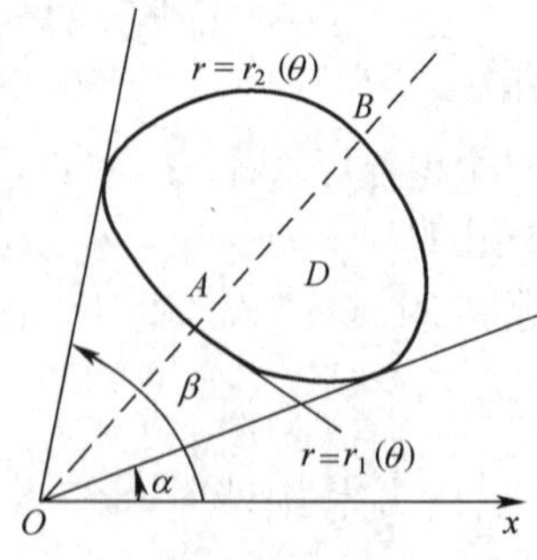

图 10-16

过极点O作射线$\theta=\alpha$和$\theta=\beta$，其中$\alpha<\beta$，使得区域D恰好位于这两条射线之间，则$\alpha\leqslant\theta\leqslant\beta$．此时，这两条射线把区域$D$的边界曲线分成两部分$r=r_1(\theta)$和$r=r_2(\theta)$，从极点$O$出发且穿过积分区域$D$内部的射线，从$r=r_1(\theta)$进入$D$，而由$r=r_2(\theta)$穿出$D$，则$r_1(\theta)\leqslant r\leqslant r_2(\theta)$．

此时积分区域D可表示为$D=\{(r,\theta)|\alpha\leqslant\theta\leqslant\beta,r_1(\theta)\leqslant r\leqslant r_2(\theta)\}$，

从而

$$\iint_D f(r\cos\theta,r\sin\theta)r\mathrm{d}r\mathrm{d}\theta=\int_\alpha^\beta\mathrm{d}\theta\int_{r_1(\theta)}^{r_2(\theta)}f(r\cos\theta,r\sin\theta)r\mathrm{d}r\,.$$

（2）极点在区域D的边界上（如图 10-17 所示）．

设积分区域D可以表示为

$$D=\{(r,\theta)|\alpha\leqslant\theta\leqslant\beta,r_1(\theta)\leqslant r\leqslant r_2(\theta)\}\,.$$

这可看成（1）中当$r_1(\theta)=0$，$r_2(\theta)=r(\theta)$的特例，故有

$$\iint_D f(r\cos\theta,r\sin\theta)r\mathrm{d}r\mathrm{d}\theta=\int_\alpha^\beta\mathrm{d}\theta\int_0^{r(\theta)}f(r\cos\theta,r\sin\theta)r\mathrm{d}r\,.$$

（3）极点在区域D的内部（如图 10-18 所示）．

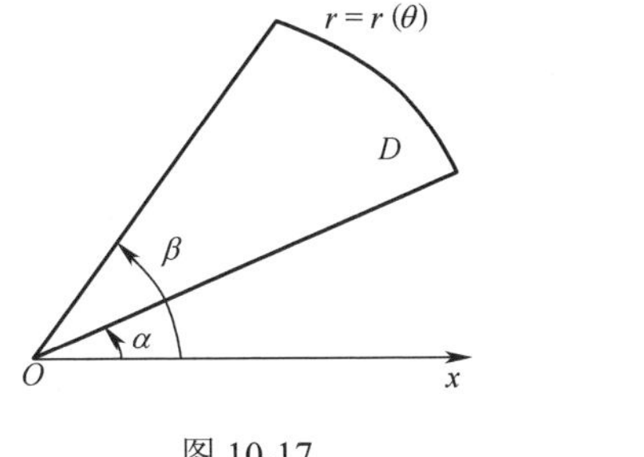

图 10-17

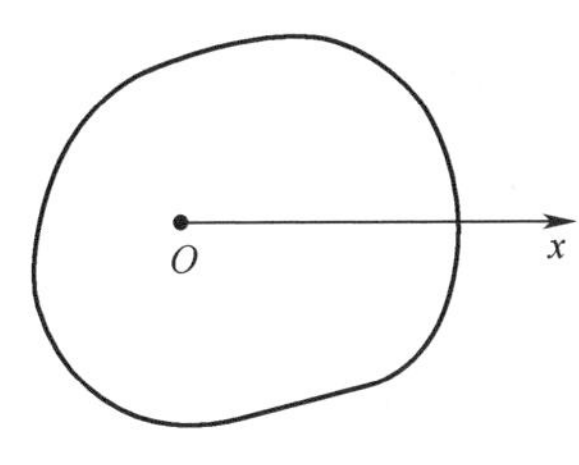

图 10-18

设积分区域D可以表示为

$$D=\{(r,\theta)|0\leqslant\theta\leqslant 2\pi,0\leqslant r\leqslant r(\theta)\}\,.$$

这可看成（2）中当$\alpha=0$，$\beta=2\pi$的特例，故有

$$\iint_D f(r\cos\theta,r\sin\theta)r\mathrm{d}r\mathrm{d}\theta=\int_0^{2\pi}\mathrm{d}\theta\int_0^{r(\theta)}f(r\cos\theta,r\sin\theta)r\mathrm{d}r\,.$$

注意：当区域D是圆或圆的一部分，或者区域D的边界方程用极坐标表示比较简单，或者被积函数为$f(x^2+y^2),f\left(\dfrac{x}{y}\right),f\left(\dfrac{y}{x}\right)$等形式时，一般采用极坐标计算二重积分较为方便．

例 10.9　计算$\iint\limits_D y\mathrm{d}x\mathrm{d}y$，其中$D$是两圆$x^2+y^2=1$与$x^2+y^2=4$之间的环形区域．

解　在极坐标系中，闭区域D（如图 10-19 所示）可表示为

$$0 \leqslant \theta \leqslant 2\pi, \quad 1 \leqslant r \leqslant 2.$$

$$\iint_D y\mathrm{d}x\mathrm{d}y = \int_0^{2\pi}\mathrm{d}\theta\int_1^2 r\sin\theta r\mathrm{d}r = \int_0^{2\pi}\sin\theta\mathrm{d}\theta\int_1^2 r^2\mathrm{d}r = 0.$$

例 10.10 计算 $\iint\limits_D \mathrm{e}^{-x^2-y^2}\mathrm{d}x\mathrm{d}y$，其中 D 是由中心在原点、半径为 a 的圆周所围成的闭区域.

解 在极坐标系中，闭区域 D（如图 10-20 所示）可表示为

$$0 \leqslant \theta \leqslant 2\pi, \quad 0 \leqslant r \leqslant a.$$

于是

$$\iint_D \mathrm{e}^{-x^2-y^2}\mathrm{d}x\mathrm{d}y = \iint_D \mathrm{e}^{-r^2} r\mathrm{d}r\mathrm{d}\theta = \int_0^{2\pi}\left[\int_0^a \mathrm{e}^{-r^2} r\mathrm{d}r\right]\mathrm{d}\theta = \int_0^{2\pi}\left[-\frac{1}{2}\mathrm{e}^{-r^2}\right]_0^a\mathrm{d}\theta$$

$$= \frac{1}{2}(1-\mathrm{e}^{-a^2})\int_0^{2\pi}\mathrm{d}\theta = \pi(1-\mathrm{e}^{-a^2}).$$

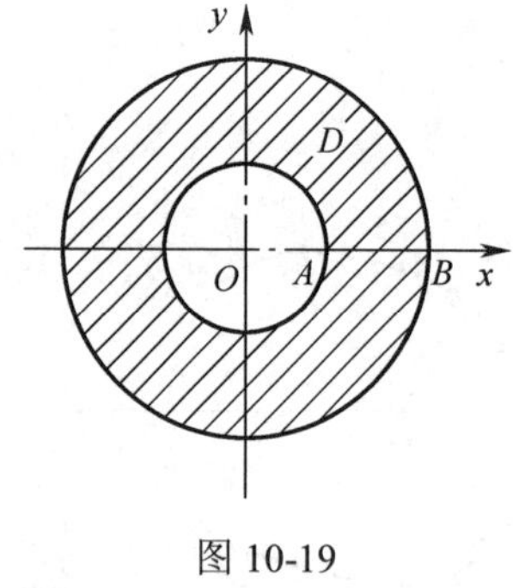

图 10-19

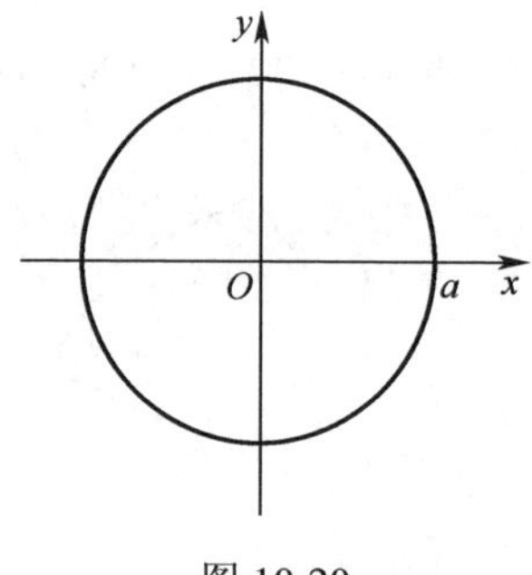

图 10-20

练习题 10.2

1. 交换下列二次积分的次序.

（1）$\int_0^1 \mathrm{d}x\int_x^1 f(x,y)\mathrm{d}y$；　　（2）$\int_1^2 \mathrm{d}y\int_1^y f(x,y)\mathrm{d}x + \int_2^4 \mathrm{d}y\int_{\frac{y}{2}}^2 f(x,y)\mathrm{d}x$.

2. 计算下列二重积分.

（1）$\iint\limits_D \sin(x+y)\mathrm{d}x\mathrm{d}y$，其中 D 是由 $x=0, y=\pi$ 及 $y=x$ 所围成的闭区域;

（2）$\iint\limits_D (4-x^2)\mathrm{d}x\mathrm{d}y$，其中 D 是由 $x=0, y=0$ 及 $2x+y=4$ 所围成的闭区域.

3. 利用极坐标计算下列二重积分.

（1）$\iint\limits_D \mathrm{e}^{x^2+y^2}\mathrm{d}\sigma$，其中区域 D 是由圆周 $x^2+y^2=4$ 所围成的闭区域;

（2）$\iint\limits_D \sqrt{1-x^2-y^2}\mathrm{d}\sigma$，其中区域 D 由圆心在点 $\left(0,\frac{1}{2}\right)$，半径为 $\frac{1}{2}$ 的圆的右半圆周和 y 轴所围.

10.3　二重积分的应用

由前面的讨论可知，曲顶柱体的体积、平面薄板的质量可以用二重积分计算，本节中我们把定积分应用中的元素法推广到重积分的应用中，利用重积分的元素法来讨论重积分在几何、物理上的一些其他应用.

10.3.1　空间立体的体积

由二重积分的几何意义，我们知道，若函数 $z=f(x,y)$ 在有界闭区域 D 上连续，且 $f(x,y)\geqslant 0$，此时二重积分 $\iint\limits_D f(x,y)\mathrm{d}\sigma$ 在几何上表示以曲面 $z=f(x,y)$ 为顶，以区域 D 为底的曲顶柱体的体积. 因此我们可以利用二重积分计算立体的体积.

例 10.11　求两个底圆半径都等于 r 的直交圆柱面所围成的立体的体积.

解　设这两个圆柱面的方程分别为

$$x^2+y^2=r^2 \text{ 及 } x^2+z^2=r^2 .$$

利用立体关于坐标平面的对称性，只要算出它在第一卦限部分（如图 10-21（a）所示）的体积 V_1，然后再乘以 8 即可. 第一卦限部分是以 D: $\{(x,y)\,|\,0\leqslant y\leqslant \sqrt{r^2-x^2}$，$0\leqslant x\leqslant r\}$ 为底（如图 10-21（b）所示），以 $z=\sqrt{r^2-x^2}$ 顶的曲顶柱体. 于是

$$V=8\iint\limits_D \sqrt{r^2-x^2}\mathrm{d}\sigma=8\int_0^r \mathrm{d}x\int_0^{\sqrt{r^2-x^2}}\sqrt{r^2-x^2}\mathrm{d}y$$

$$=8\int_0^r [\sqrt{r^2-x^2}\,y]_0^{\sqrt{r^2-x^2}}\mathrm{d}x=8\int_0^r (r^2-x^2)\mathrm{d}x=\frac{16}{3}r^3 .$$

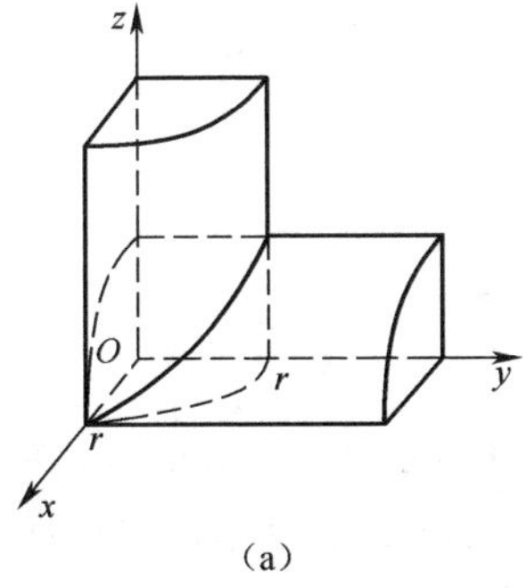

（a）

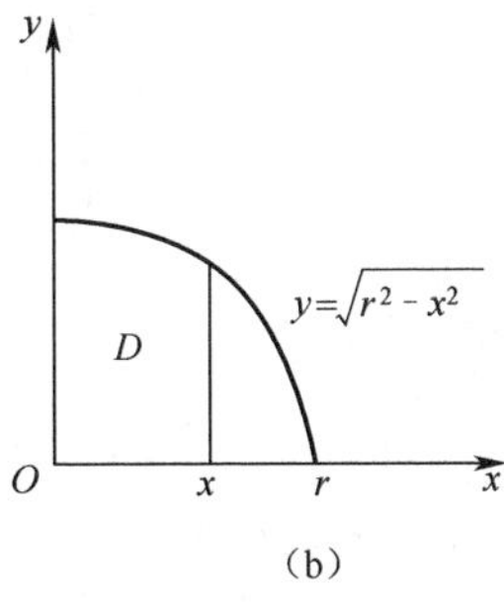

（b）

图 10-21

10.3.2 平面薄片的质量

在定积分的应用中，有许多求总量的问题可以用定积分的元素法来处理．这种元素法也可推广到二重积分的应用中．如果所要计算的某个量 U 对于闭区域 D 具有可加性（就是说，当闭区域 D 分成许多小闭区域时，所求量 U 相应地分成许多部分量，且 U 等于各部分量之和），并且在闭区域 D 内任取一个直径很小的闭区域 $\mathrm{d}\sigma$ 时，相应的部分量可近似地表示为 $f(x,y)\mathrm{d}\sigma$ 的形式，则称 $f(x,y)\mathrm{d}\sigma$ 为所求量 U 的积分元素，记为 $\mathrm{d}U$，以它为被积表达式在闭区域 D 上积分得

$$U=\iint_D \mathrm{d}U=\iint_D f(x,y)\mathrm{d}\sigma,$$

这就是所求量的积分表达式．

例如，设有一平面薄片，它位于 xOy 面内区域 D 上，在点 (x,y) 处的面密度为区域 D 上的连续函数 $\rho(x,y)$，现求它的质量．

在区域 D 上任取一个小区域 $\mathrm{d}\sigma$（$\mathrm{d}\sigma$ 同时也表示此小区域的面积），在 $\mathrm{d}\sigma$ 上任取一点 (x,y)．由于 $\mathrm{d}\sigma$ 很小，$\rho(x,y)$ 又在 D 上连续，所以对应于 $\mathrm{d}\sigma$ 的部分薄片的质量近似等于 $\rho(x,y)\mathrm{d}\sigma$，即 $\mathrm{d}M=\rho(x,y)\mathrm{d}\sigma$，于是平面薄片的质量为

$$M=\iint_D \rho(x,y)\mathrm{d}\sigma. \tag{10.4}$$

例 10.12 一圆环薄片由半径为 4 和 8 的两个同心圆所围成，其上任一点处的面密度与该点到圆心的距离成反比，已知在内圆周上各点处的面密度为 1，求圆环薄片的质量．

解 积分区域 D 是 $4^2\leqslant x^2+y^2\leqslant 8^2$，根据公式（10.4）得圆环薄片的质量 M 为

$$M=\iint_D \rho(x,y)\mathrm{d}\sigma.$$

因为 $\rho(x,y)=\dfrac{k}{\sqrt{x^2+y^2}}$，且 $\dfrac{k}{4}=1$，所以 $k=4$，$\rho=\dfrac{4}{\sqrt{x^2+y^2}}$．

故所求薄片的质量为

$$\begin{aligned}M&=\iint_D \rho(x,y)\mathrm{d}\sigma=\iint_D \frac{4}{\sqrt{x^2+y^2}}\mathrm{d}\sigma\\&=\int_0^{2\pi}\mathrm{d}\theta\int_4^8 \frac{4}{r}r\mathrm{d}r=32\pi.\end{aligned}$$

10.3.3 空间曲面的面积

设有界曲面 S 由方程 $z=f(x,y)$ 给出，D 为曲面 S 在 xOy 面上的投影区域，函数 $f(x,y)$ 在 D 上具有连续偏导数 $f_x'(x,y)$ 和 $f_y'(x,y)$，现求曲面的面积 A．

在区域 D 内任取一点 $P(x,y)$，并在区域 D 内取一包含点 $P(x,y)$ 的小闭区域

$\mathrm{d}\sigma$，其面积也记为 $\mathrm{d}\sigma$．在曲面 S 上点 $M(x,y,f(x,y))$ 处做曲面 S 的切平面 T（如图 10-22 所示），再做以小区域 $\mathrm{d}\sigma$ 的边界曲线为准线、母线平行于 z 轴的柱面．将含于柱面内的小块切平面的面积作为含于柱面内的小块曲面面积的近似值，记为 $\mathrm{d}A$．又设切平面 T 的法向量与 z 轴所成的角为 γ，则

$$\mathrm{d}A=\frac{\mathrm{d}\sigma}{|\cos\gamma|}=\sqrt{1+f_x'^2(x,y)+f_y'^2(x,y)}\mathrm{d}\sigma\text{，}$$

这就是曲面 S 的面积元素．

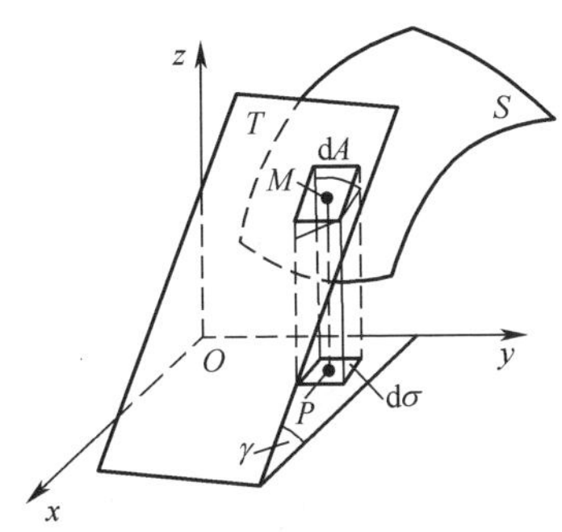

图 10-22

于是曲面 S 的面积为

$$A=\iint_D\sqrt{1+f_x'^2(x,y)+f_y'^2(x,y)}\mathrm{d}\sigma\text{，}\qquad(10.5)$$

或

$$A=\iint_D\sqrt{1+\left(\frac{\partial z}{\partial x}\right)^2+\left(\frac{\partial z}{\partial y}\right)^2}\mathrm{d}x\mathrm{d}y\text{．}\qquad(10.6)$$

若曲面方程为 $x=g(y,z)$ 或 $y=h(z,x)$，同理可得曲面的面积

$$A=\iint_{D_{yz}}\sqrt{1+\left(\frac{\partial x}{\partial y}\right)^2+\left(\frac{\partial x}{\partial z}\right)^2}\mathrm{d}y\mathrm{d}z\text{，}\qquad(10.7)$$

或

$$A=\iint_{D_{zx}}\sqrt{1+\left(\frac{\partial y}{\partial z}\right)^2+\left(\frac{\partial y}{\partial x}\right)^2}\mathrm{d}z\mathrm{d}x\text{．}\qquad(10.8)$$

其中 D_{yz} 是曲面在 yOz 面上的投影区域，D_{zx} 是曲面在 zOx 面上的投影区域．

例 10.13 求半径为 R 的球的表面积．

解 由对称性，球面在第一卦限部分的面积的 8 倍即为所求的表面积 A．

在第一卦限内球面方程为 $z=\sqrt{R^2-x^2-y^2}$．

投影区域 D：$x^2+y^2\leqslant R^2$，$x\geqslant 0$，$y\geqslant 0$，又

$$\frac{\partial z}{\partial x}=\frac{-x}{\sqrt{R^2-x^2-y^2}}\text{，}\quad\frac{\partial z}{\partial y}=\frac{-y}{\sqrt{R^2-x^2-y^2}}\text{，}$$

所以 $$A=8\iint\limits_{D}\sqrt{1+\left(\frac{\partial z}{\partial x}\right)^2+\left(\frac{\partial z}{\partial y}\right)^2}\,\mathrm{d}\sigma$$

$$=8\iint\limits_{D}\frac{R}{\sqrt{R^2-x^2-y^2}}\mathrm{d}x\mathrm{d}y=8R\int_0^{\frac{\pi}{2}}\mathrm{d}\theta\int_0^R\frac{r\mathrm{d}r}{\sqrt{R^2-r^2}}$$

$$=-4\pi R\sqrt{R^2-r^2}\,\Big|_0^R=4\pi R^2.$$

例 10.14 设有一颗地球同步轨道通讯卫星，距地面的高度为 $h=36000$ km，运行的角速度与地球自转的角速度相同．试计算该通讯卫星的覆盖面积与地球表面积的比值（地球半径 $R=6400$ km）．

解 取地心为坐标原点，地心到通讯卫星中心的连线为 z 轴，建立坐标系（如图 10-23 所示）．

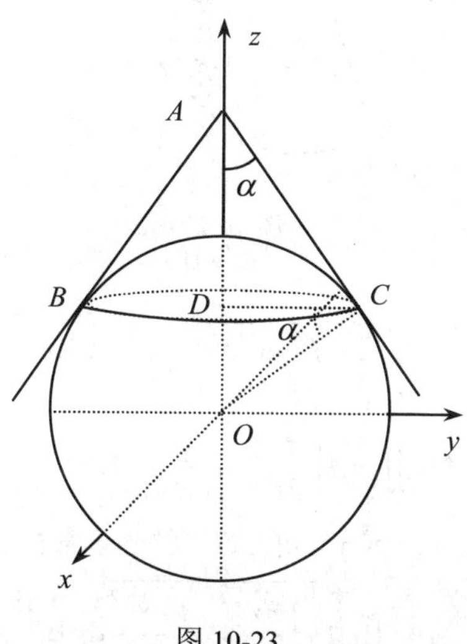

图 10-23

通讯卫星覆盖的曲面 Σ 是上半球面被半顶角为 α 的圆锥面所截得的部分．
曲面 Σ 的方程为

$$z=\sqrt{R^2-x^2-y^2}\,,\quad x^2+y^2\leqslant R^2\cos^2\alpha\,.$$

于是通讯卫星的覆盖面积为

$$A=\iint\limits_{D_{xy}}\sqrt{1+\left(\frac{\partial z}{\partial x}\right)^2+\left(\frac{\partial z}{\partial y}\right)^2}\,\mathrm{d}x\mathrm{d}y=\iint\limits_{D_{xy}}\frac{R}{\sqrt{R^2-x^2-y^2}}\mathrm{d}x\mathrm{d}y\,,$$

其中 $D_{xy}=\{(x,y)\,|\,x^2+y^2\leqslant R^2\cos^2\alpha\}$ 是曲面 Σ 在 xOy 面上的投影区域．
利用极坐标，得

$$A=\int_0^{2\pi}\mathrm{d}\theta\int_0^{R\cos\alpha}\frac{R}{\sqrt{R^2-r^2}}r\mathrm{d}r$$
$$=2\pi R\int_0^{R\sin\alpha}\frac{r}{\sqrt{R^2-r^2}}\mathrm{d}r$$
$$=2\pi R^2(1-\sin\alpha).$$

由于 $\sin\alpha=\dfrac{R}{R+h}$，代入上式得

$$A=2\pi R^2\left(1-\frac{R}{R+h}\right)=2\pi R^2\frac{h}{R+h}.$$

由此得这颗通讯卫星的覆盖面积与地球表面积之比为

$$\frac{A}{4\pi R^2}=\frac{h}{2(R+h)}=\frac{36\times10^6}{2(36+6.4)\times10^6}\approx42.5\%.$$

由以上结果可知，卫星覆盖了全球三分之一以上的面积，故使用三颗相隔 $\dfrac{2}{3}\pi$ 角度的通讯卫星就可以覆盖几乎地球的全部表面.

练习题 10.3

1. 求曲面 $z=1-4x^2-y^2$ 与 xOy 面所围成的立体体积.
2. 设圆盘的圆心在原点上，半径为 R，面密度 $\rho=x^2+y^2$，求该圆盘的质量.
3. 求锥面 $z=\sqrt{x^2+y^2}$ 被柱面 $z^2=2x$ 所截下部分的曲面面积.
4. 求球面 $x^2+y^2+z^2=4$ 被平面 $z=1$ 所截上半部分曲面的面积.

10.4 第一型曲线积分与第一型曲面积分

二重积分是讨论定义在平面图形上函数的积分问题，本节则研究定义在曲线段或曲面块上函数的积分，即曲线积分和曲面积分，不讨论曲线或曲面的方向时，称为第一型曲线积分和第一型曲面积分.

10.4.1 第一型曲线积分和第一型曲面积分的概念

设某物体 Ω 的密度函数 $f(\rho)$ 是定义在 Ω 上的连续函数，当物体 Ω 是直线段时，应用定积分就能计算得 Ω 的质量；当物体 Ω 是一个平面图形时，应用二重积分就能计算得它的质量；现在研究物体 Ω 是平面内一条曲线段或空间一个曲面块时的质量计算问题.

引例 10.1　（曲线形构件的质量）

设一曲线形构件所占的位置在 xOy 面内的一段曲线弧 L 上（如图 10-24 所示），已知曲线形构件在点(x, y)处的线密度为连续函数 $\rho(x, y)$，求曲线形构件的质量.

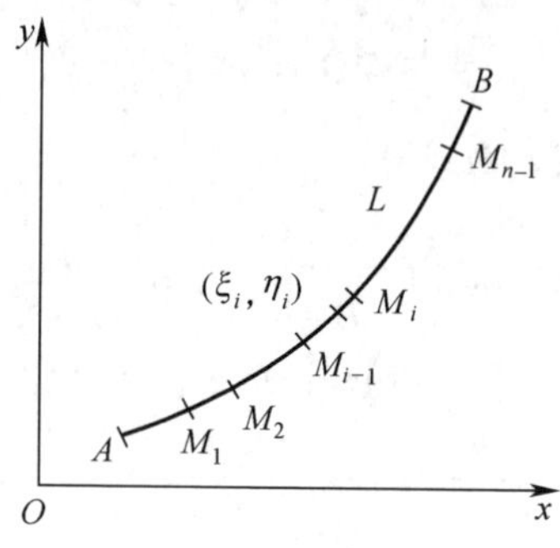

图 10-24

把曲线分成 n 小段，$\Delta S_1, \Delta S_2, \cdots, \Delta S_n$（$\Delta S_i$ 也表示弧长）；任取$(\xi_i, \eta_i) \in \Delta S_i$，得第 i 小段质量的近似值为 $\rho(\xi_i, \eta_i)\Delta S_i$；整个物体曲线的质量近似为 $M \approx \sum_{i=1}^{n} \rho(\xi_i, \eta_i)\Delta S_i$；

令 $\lambda = \max\{\Delta S_1, \Delta S_2, \cdots, \Delta S_n\} \to 0$，则整个物体曲线的质量为

$$M = \lim_{\lambda \to 0} \sum_{i=1}^{n} \rho(\xi_i, \eta_i)\Delta S_i .$$

引例 10.2　（曲面块的质量）

设有空间一张曲面块 Σ，在其上任一点 (x, y, z) 处的密度为连续函数 $\rho(x, y, z)$，求该曲面块的质量（如图 10-25 所示）.

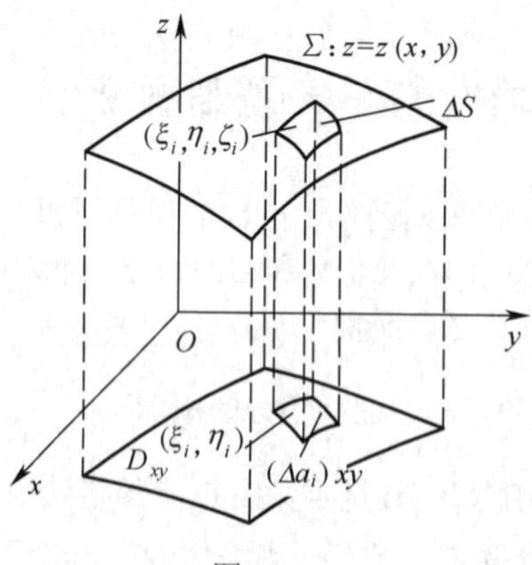

图 10-25

首先对 Σ 作分割，分成 n 个小曲面块 $\Delta S_i (i = 1, 2, \cdots, n)$，并在每个 ΔS_i 上任取一

点 (x_i, y_i, z_i)，由于 $\rho(x,y,z)$ 为 Σ 上的连续函数，当 ΔS_i 都很小时，每一小块 ΔS_i 的质量近似等于 $\rho(x_i, y_i, z_i)\Delta S_i$，所以整个 Σ 的质量近似等于 $M \approx \sum_{i=1}^{n}\rho(x_i, y_i, z_i)\Delta S_i$，令 $\lambda=\max\{\Delta S_1,\Delta S_2,\cdots,\Delta S_n\}\to 0$，则整个曲面块的质量为

$$M = \lim_{\lambda\to 0}\sum_{i=1}^{n}\rho(x_i, y_i, z_i)\Delta S_i .$$

以上类型和式的极限在研究其他问题时也会遇到，下面给出这类积分的定义.

定义 10.2 设 Ω 为一条光滑曲线弧或空间一张光滑曲面，函数 f 在 Ω 上有界. 对 Ω 作分割，把 Ω 分成 n 个可度量的小几何体 $\Omega_i(i=1,2,\cdots,n)$，记 $\lambda=\max\{\Delta\Omega_1,\Delta\Omega_2,\cdots,\Delta\Omega_n\}$，且在 Ω_i 上任取一点 $P_i(i=1,2,\cdots,n)$. 若有极限

$$\lim_{\lambda\to 0}\sum_{i=1}^{n}f(P_i)\Delta\Omega_i = M .$$

则称函数 f 在 Ω 上可积，极限 M 称 f 在 Ω 上的积分，记作

$$M = \int_{\Omega} f . \tag{10.9}$$

若 Ω 为平面曲线或空间曲线 L，$f=f(x,y)$ 或 $f=f(x,y,z)$，则称（10.9）为函数 f 在曲线弧 L 上**对弧长的曲线积分**或**第一型曲线积分**，特别记作

$$\int_L f(x,y)\mathrm{d}S \text{ 或 } \int_L f(x,y,z)\mathrm{d}S . \tag{10.10}$$

其中 $f(x,y)$ 叫做被积函数，L 叫做积分弧段.

若 Ω 为空间曲面块 S，$f=f(x,y,z)$，则称（10.9）为函数 $f(x,y,z)$ 在 S 上的**第一型曲面积分**，特别记作

$$\iint_S f(x,y,z)\mathrm{d}S . \tag{10.11}$$

第一型曲线积分与第一型曲面积分有与定积分类似的性质. 可以证明：若 f 为可度量几何体 Ω 上的连续函数，则 f 在 Ω 上可积. 此外，还有下述一些重要性质，其中 Ω 都是相应空间中可度量的几何体，f 是 Ω 上的可积函数.

性质 1 设 C_1、C_2 为常数，则

$$\int_{\Omega}(C_1 f + C_2 g) = C_1\int_{\Omega} f + C_2\int_{\Omega} g .$$

性质 2 若 Ω 可被划分成两个相连接的可度量小段（块）Ω_1 和 Ω_2，则

$$\int_{\Omega} f = \int_{\Omega_1} f + \int_{\Omega_2} f .$$

性质 3 设在 Ω 上，对 $P\in\Omega$，有 $f(P)\leqslant g(P)$，则

$$\int_{\Omega} f \leqslant \int_{\Omega} g .$$

特别地，有

$$\left|\int_{\Omega} f\right| \leqslant \int_{\Omega}|f| .$$

10.4.2 第一型曲线积分与第一型曲面积分的计算

根据对弧长的曲线积分的定义，如果曲线形构件 L 的线密度为 $f(x,y)$，则曲线形构件 L 的质量为

$$\int_L f(x,y)\mathrm{d}S .$$

另一方面，若曲线 L 的参数方程为

$$x=\varphi(t),\quad y=\psi(t)\ \ (\alpha\leqslant t\leqslant\beta),$$

则质量元素为

$$f(x,y)\mathrm{d}S=f[\varphi(t),\ \psi(t)]\sqrt{\varphi'^2(t)+\psi'^2(t)}\mathrm{d}t ,$$

曲线的质量为

$$\int_\alpha^\beta f[\varphi(t),\ \psi(t)]\sqrt{\varphi'^2(t)+\psi'^2(t)}\mathrm{d}t .$$

即
$$\int_L f(x,y)\mathrm{d}S=\int_\alpha^\beta f[\varphi(t),\ \psi(t)]\sqrt{\varphi'^2(t)+\psi'^2(t)}\mathrm{d}t .$$

定理 10.1 设 $f(x,y)$ 在曲线弧 L 上有定义且连续，L 的参数方程为

$$x=\varphi(t),\quad y=\psi(t)\ \ (\alpha\leqslant t\leqslant\beta),$$

其中 $\varphi(t),\psi(t)$ 在 $[\alpha,\beta]$ 上具有一阶连续导数，且 $\varphi'^2(t)+\psi'^2(t)\neq 0$，则曲线积分 $\int_L f(x,y)\mathrm{d}S$ 存在，且

$$\int_L f(x,y)\mathrm{d}S=\int_\alpha^\beta f[\varphi(t),\psi(t)]\sqrt{\varphi'^2(t)+\psi'^2(t)}\mathrm{d}t\quad(\alpha<\beta). \tag{10.12}$$

（1）若曲线 L 的方程为 $y=\psi(x)\ (a\leqslant x\leqslant b)$，则 L 的参数方程为

$$x=x,\ y=\psi(x)\ \ (a\leqslant x\leqslant b),$$

$$\int_L f(x,y)\mathrm{d}S=\int_a^b f[x,\psi(x)]\sqrt{1+\psi'^2(x)}\mathrm{d}x .$$

（2）若曲线 L 的方程为 $x=\varphi(y),\ (c\leqslant y\leqslant d)$，则 L 的参数方程为

$$x=\varphi(y),\ y=y\ \ (c\leqslant y\leqslant d),$$

$$\int_L f(x,y)\mathrm{d}S=\int_c^d f[\varphi(y),y]\sqrt{\varphi'^2(y)+1}\mathrm{d}y .$$

例 10.15 设 L 是半圆周 $\begin{cases}x=a\cos t,\\ y=a\sin t\end{cases}$ $(0\leqslant t\leqslant\pi)$（如图 10-26 所示），试计算第一型曲线积分 $\int_L(x^2+y^2)\mathrm{d}S$.

解 由公式（10.12）可得

$$\int_L(x^2+y^2)\mathrm{d}S=\int_0^\pi a^2\sqrt{a^2(\cos^2 t+\sin^2 t)}\mathrm{d}t=a^3\pi .$$

例 10.16 计算 $\int_L\sqrt{y}\mathrm{d}S$，其中 L 是抛物线 $y=x^2$ 上点 $O(0,0)$与点 $B(1,1)$之间的一段弧（如图 10-27 所示）.

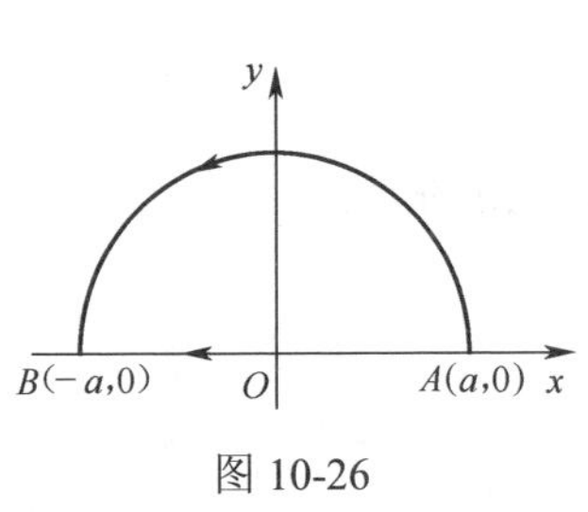

图 10-26

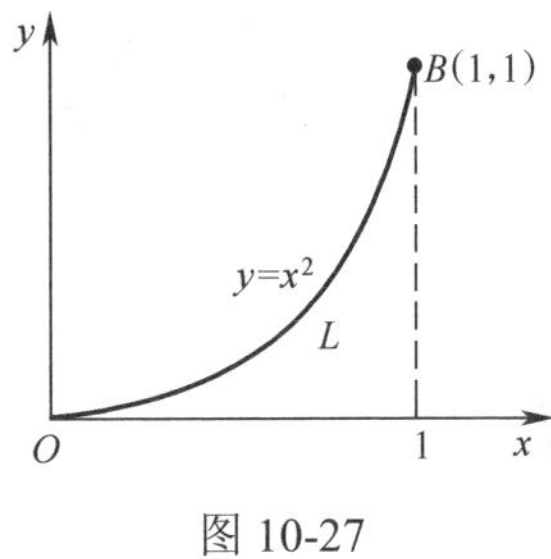

图 10-27

解　曲线的方程为 $y=x^2(0\leqslant x\leqslant 1)$，因此

$$\int_L\sqrt{y}\mathrm{d}S=\int_0^1\sqrt{x^2}\sqrt{1+(x^2)'^2}\mathrm{d}x=\int_0^1 x\sqrt{1+4x^2}\mathrm{d}x=\frac{1}{12}(5\sqrt{5}-1).$$

仿照定理 10.1，若曲线 Γ 的方程为 $x=\varphi(t),\ y=\psi(t),\ z=\omega(t)\ (\alpha\leqslant t\leqslant\beta)$，则空间曲线积分的计算公式为

$$\int_\Gamma f(x,y,z)\mathrm{d}S=\int_\alpha^\beta f[\varphi(t),\psi(t),\omega(t)]\sqrt{\varphi'^2(t)+\psi'^2(t)+\omega'^2(t)}\mathrm{d}t.$$

例 10.17　计算曲线积分 $\int_\Gamma(x^2+y^2+z^2)\mathrm{d}S$，其中 Γ 为螺旋线 $x=a\cos t$, $y=a\sin t$, $z=kt$ 上对应于 t 从 0 到达 2π的一段弧.

解　在曲线 Γ 上有 $x^2+y^2+z^2=(a\cos t)^2+(a\sin t)^2+(kt)^2=a^2+k^2t^2$，并且

$$\mathrm{d}S=\sqrt{(-a\sin t)^2+(a\cos t)^2+k^2}\mathrm{d}t=\sqrt{a^2+k^2}\mathrm{d}t,$$

于是

$$\int_\Gamma(x^2+y^2+z^2)\mathrm{d}S=\int_0^{2\pi}(a^2+k^2t^2)\sqrt{a^2+k^2}\mathrm{d}t$$

$$=\frac{2}{3}\pi\sqrt{a^2+k^2}(3a^2+4\pi^2k^2).$$

对于第一型曲面积分的计算有下述定理：

定理 10.2　设有光滑曲面

$$S:\ z=z(x,y),\qquad (x,y)\in D$$

f 为 S 上的连续函数，则

$$\iint_S f(x,y,z)\mathrm{d}S=\iint_D f(x,y,z(x,y))\sqrt{1+z_x'^2+z_y'^2}\mathrm{d}x\mathrm{d}y.\tag{10.13}$$

例 10.18　计算 $\iint_S\frac{\mathrm{d}S}{z}$，其中 S 是球面 $x^2+y^2+z^2=a^2$ 被平面 $z=h\ (0<h<a)$ 所截的顶部.

解　曲面 S 的方程为 $z=\sqrt{a^2-x^2-y^2}$，定义域 D 为圆域 $x^2+y^2\leqslant a^2-h^2$，又 $\sqrt{1+z_x'^2+z_y'^2}=\frac{a}{\sqrt{a^2-x^2-y^2}}$，由公式（10.13）得

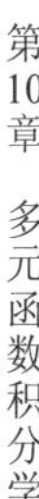

$$\iint\limits_S \frac{\mathrm{d}S}{z} = \iint\limits_D \frac{a}{a^2 - x^2 - y^2}\mathrm{d}x\mathrm{d}y = \int_0^{2\pi}\mathrm{d}\theta\int_0^{\sqrt{a^2-h^2}}\frac{a}{a^2-r^2}r\mathrm{d}r$$

$$= 2\pi a\int_0^{\sqrt{a^2-h^2}}\frac{r}{a^2-r^2}\mathrm{d}r = 2a\pi\ln\frac{a}{h}.$$

练习题 10.4

1．计算下列第一型曲线积分．

（1）$\int_L (x+y)\mathrm{d}S$，其中 L 是以 $O(0,0), A(1,0), B(0,1)$ 为顶点的三角形；

（2）$\int_L xy\mathrm{d}S$，其中 L 的参数方程为 $\begin{cases} x = a\cos t, \\ y = b\sin t \end{cases}$ $0 \leqslant t \leqslant \dfrac{\pi}{2}$；

（3）$\int_L (x^2+y^2)\mathrm{d}S$，其中 L 是连接点 (a,a) 和 (b,b) 的直线段 $(b>a)$．

2．计算下列第一型曲面积分．

（1）$\iint\limits_S (x+y+z)\mathrm{d}S$，其中 S 是上半球面 $x^2+y^2+z^2=a^2,\quad z \geqslant 0$；

（2）$\iint\limits_S \dfrac{\mathrm{d}S}{x^2+y^2}$，其中 S 为柱面 $x^2+y^2=R^2$ 被平面 $z=0,\quad z=h$ 所截取的部分．

习题十

1．填空题．

（1）设 D 是由 $\{(x,y) \mid x^2+y^2 \leqslant 2\}$ 所确定的闭区域，则 $\iint\limits_D \mathrm{d}x\mathrm{d}y =$ __________；

（2）设 D 是矩形闭区域：$|x| \leqslant 1,\ |y| \leqslant 1$，则 $\iint\limits_D \mathrm{d}x\mathrm{d}y =$ __________；

（3）设 D 是由直线 $x+y=2$，直线 $y=x$ 及 x 轴围成，则 $\iint\limits_D y\mathrm{d}x\mathrm{d}y =$ __________；

（4）交换二次积分 $I = \int_0^1 \mathrm{d}y\int_{y^2}^{y} f(x,y)\mathrm{d}x$ 的积分次序，则 $I =$ __________；

（5）设 $I = \int_{-1}^{1}\mathrm{d}y\int_0^{\sqrt{1-y^2}} f(x,y)\mathrm{d}x$，将 I 化为极坐标系下的二次积分，则 $I =$ __________．

2．单项选择题．

（1）设 $I = \iint\limits_D \sqrt{x^2+y^2-1}\mathrm{d}x\mathrm{d}y$，其中 D 是圆环：$1 \leqslant x^2+y^2 \leqslant 2$ 所确定的

闭区域，则必有（　　）；

A．$I>0$　　B．$I<0$

C．$I=0$　　D．$I\neq 0$，但符号不能确定

（2）设 D 是圆域：$x^2+y^2\leqslant a^2(a>0)$，且 $\iint\limits_D\sqrt{x^2+y^2}\mathrm{d}x\mathrm{d}y=\pi$，则 $a=$（　　）；

A．1　　B．$\sqrt[3]{\frac{3}{2}}$　　C．$\sqrt[3]{\frac{3}{4}}$　　D．$\sqrt[3]{\frac{1}{2}}$

（3）设 D 是由 x 轴，y 轴与直线 $x+y=1$ 所围成的闭区域，利用二重积分的性质，比较积分 $\iint\limits_D(x+y)^2\mathrm{d}x\mathrm{d}y$ 与 $\iint\limits_D(x+y)^3\mathrm{d}x\mathrm{d}y$ 的大小（　　）；

A．大于　　B．小于　　C．等于　　D．不确定

（4）如果 $\iint\limits_D\mathrm{d}x\mathrm{d}y=1$，其中区域 D 是由（　　）所围成的闭区域；

A．$y=x+1, x=0, x=1$ 及 x 轴

B．$|x|=1,\ |y|=1$

C．$2x+y=2$ 及 x 轴, y 轴

D．$|x+y|=1, |x-y|=1$

（5）设 $f(x,y)$ 为连续函数，交换积分 $\int_0^2\mathrm{d}x\int_x^{\sqrt{2x}}f(x,y)\mathrm{d}y$ 的次序得（　　）.

A．$\int_0^2\mathrm{d}y\int_x^{\sqrt{2x}}f(x,y)\mathrm{d}x$　　B．$\int_0^2\mathrm{d}y\int_{\frac{y^2}{2}}^{y}f(x,y)\mathrm{d}x$

C．$\int_0^2\mathrm{d}y\int_0^{y}f(x,y)\mathrm{d}x$　　D．$\int_2^0\mathrm{d}y\int_{\frac{y^2}{2}}^{y}f(x,y)\mathrm{d}x$

3．计算下列二重积分.

（1）$\iint\limits_D xy\mathrm{d}x\mathrm{d}y$，其中区域 D 由直线 $x=0, x=1$ 及 $y=1, y=2$ 所围成；

（2）$\iint\limits_D \mathrm{e}^{x^2}\mathrm{d}\sigma$，其中区域 D 由直线 $y=x$ 和立方抛物线 $y=x^3$ 在第一象限所围成；

（3）$\iint\limits_D xy^2\mathrm{d}x\mathrm{d}y$，其中区域 D 由右半圆周 $x^2+y^2=4$ 和 y 轴所围成.

4．计算下列第一型曲线积分或第一型曲面积分.

（1）$\int_L(x-y)\mathrm{d}S$，其中 L 是连接 $(1,0)$ 及 $(0,1)$ 两点的直线段；

（2）$\iint\limits_S xyz\mathrm{d}S$，其中 S 为平面 $x+y+z=1$ 在第一卦限中的部分.

5．求球面 $x^2+y^2+z^2=a^2$ 含在柱面 $x^2+y^2=ax$ 内的那部分面积.

第 11 章　无穷级数

【学习目标】

- 熟练掌握常数项级数的概念和性质.
- 熟练掌握正项级数和交错级数的概念及审敛法.
- 理解绝对收敛与条件收敛的概念.
- 掌握幂级数的收敛性及其和函数的运算.
- 初步掌握将函数展开成幂级数的方法.
- 了解傅里叶级数的概念、收敛定理.
- 了解函数的傅里叶级数展开法.

无穷级数是应用函数的一个重要组成部分，也是表示函数、研究函数的性质和进行数值计算的一种重要工具. 本章先介绍常数项级数的概念、性质以及审敛法，然后给出幂级数和傅里叶级数的基本理论和方法.

11.1　常数项级数的概念和性质

人们在认识事物数量方面的特性时，往往有一个由近似到精确的过程. 在这种认识过程中，常常会遇到由有限个数量相加到无穷多个数量相加的问题，这就是我们要讨论的无穷级数问题. 本节主要讨论常数项级数的概念和性质.

11.1.1　常数项级数的概念

定义 11.1　由数列 $u_1, u_2, \cdots, u_n, \cdots$ 构成的表达式

$$u_1 + u_2 + \cdots + u_n + \cdots \tag{11.1}$$

称为**（常数项）无穷级数**，简称**（常数项）级数**，记为 $\sum_{n=1}^{\infty} u_n$，即

$$\sum_{n=1}^{\infty} u_n = u_1 + u_2 + \cdots + u_n + \cdots .$$

其中第 n 项 u_n 称为级数的**一般项**. 级数 $\sum_{n=1}^{\infty} u_n$ 的前 n 项的和

$$s_n = u_1 + u_2 + \cdots + u_n = \sum_{i=1}^{n} u_i , \tag{11.2}$$

称为级数$\sum_{n=1}^{\infty}u_n$的部分和．当n依次取1,2,3,…时，它们构成一个新的数列

$$s_1=u_1, s_2=u_1+u_2, s_3=u_1+u_2+u_3, \cdots, s_n=u_1+u_2+\cdots+u_n \cdots .$$

根据部分和数列$\{s_n\}$是否有极限，我们引入无穷级数$\sum_{n=1}^{\infty}u_n$收敛与发散的概念．

定义 11.2 若级数$\sum_{n=1}^{\infty}u_n$的部分和数列$\{s_n\}$有极限s，即

$$\lim_{n\to\infty}s_n=s .$$

则称无穷级数$\sum_{n=1}^{\infty}u_n$**收敛**，并称极限s为级数$\sum_{n=1}^{\infty}u_n$的**和**，记为

$$s=\sum_{n=1}^{\infty}u_n=u_1+u_2+\cdots+u_n+\cdots .$$

若$\{s_n\}$没有极限，则称无穷级数$\sum_{n=1}^{\infty}u_n$**发散.**

当级数收敛时，其部分和s_n是级数的和s的近似值，它们之间的差值

$$r_n=s-s_n=u_{n+1}+u_{n+2}+\cdots ,$$

称为级数的**余项**，$|r_n|$称为用近似值s_n代替和s所产生的误差．

由上述定义可知，级数$\sum_{n=1}^{\infty}u_n$与数列$\{s_n=\sum_{i=1}^{n}u_i\}$一一对应，从而级数$\sum_{n=1}^{\infty}u_n$与数列$\{s_n\}$同时收敛或同时发散，且在收敛时，有

$$\sum_{n=1}^{\infty}u_n=\lim_{n\to\infty}s_n=\lim_{n\to\infty}\sum_{i=1}^{n}u_i .$$

例 11.1 判定级数$1+2+\cdots+n+\cdots$的收敛性．

解 所给级数的部分和为$s_n=1+2+\cdots+n=\frac{n(n+1)}{2}$，显然$\lim_{n\to\infty}s_n=\infty$，因此所给级数是发散的．

例 11.2 判定**等比级数**（又称**几何级数**）

$$\sum_{n=0}^{\infty}aq^n=a+aq+\cdots+aq^n+\cdots \text{（}a\neq0,\ q\text{ 称为级数的公比）}$$

的收敛性．

解 当$q=1$时，部分和$s_n=na\to\infty(n\to\infty)$，因此所给级数发散．

当$q=-1$时，部分和$s_n=a[1-1+\cdots+(-1)^{n-1}]$，当$n$为奇数时，$s_n=a$；当$n$为偶数时，$s_n=0$，因此$s_n$的极限不存在，故级数发散．

当$|q|\neq1$时，部分和

$$s_n=a+aq+\cdots+aq^{n-1}=\frac{a-aq^n}{1-q}=\frac{a}{1-q}-\frac{aq^n}{1-q} .$$

当$|q|>1$时，$\lim\limits_{n\to\infty}q^n=\infty$，从而$\lim\limits_{n\to\infty}s_n=\infty$，故所给级数发散.

当$|q|<1$时，$\lim\limits_{n\to\infty}q^n=0$，从而$\lim\limits_{n\to\infty}s_n=\dfrac{a}{1-q}$，因此所给级数收敛.

综上可得：若等比级数$\sum\limits_{n=0}^{\infty}aq^n$公比的绝对值$|q|<1$，则级数收敛，且其和为$s=\dfrac{a}{1-q}$；若$|q|\geqslant 1$，则级数发散.

例 11.3 判定级数$\dfrac{1}{1\cdot 2}+\dfrac{1}{2\cdot 3}+\cdots+\dfrac{1}{n(n-1)}+\cdots$的收敛性.

解 因为$u_n=\dfrac{1}{n(n-1)}=\dfrac{1}{n-1}-\dfrac{1}{n}$，所以

$$\begin{aligned}s_n&=\frac{1}{1\cdot 2}+\frac{1}{2\cdot 3}+\cdots+\frac{1}{n(n-1)}\\&=\left(1-\frac{1}{2}\right)+\left(\frac{1}{2}-\frac{1}{3}\right)+\cdots+\left(\frac{1}{n-1}-\frac{1}{n}\right)\\&=1-\frac{1}{n}.\end{aligned}$$

从而，$\lim\limits_{n\to\infty}s_n=\lim\limits_{n\to\infty}\left(1-\dfrac{1}{n}\right)=1$，故所给级数收敛，且其和为 1.

11.1.2 收敛级数的基本性质

根据级数收敛性的概念，不加证明地给出以下几个基本性质.

性质 1 若级数$\sum\limits_{n=1}^{\infty}u_n$收敛于和$s$，则级数$\sum\limits_{n=1}^{\infty}ku_n$也收敛，且其和为$ks$.

性质 2 若两个级数$\sum\limits_{n=1}^{\infty}u_n$和$\sum\limits_{n=1}^{\infty}v_n$分别收敛于$s$，$\sigma$，则级数$\sum\limits_{n=1}^{\infty}(u_n\pm v_n)$也收敛，且其和为$s\pm\sigma$，即**两个收敛级数可以逐项相加或逐项相减**.

性质 3 在级数中去掉、加上或改变有限项，不会改变级数的收敛性.

性质 4 对收敛级数$\sum\limits_{n=1}^{\infty}u_n$的项任意加括号后所成的级数

$$(u_1+\cdots+u_{n_1})+(u_{n_1+1}+\cdots+u_{n_2})+\cdots+(u_{n_{k-1}+1}+\cdots+u_{n_k})+\cdots$$

仍收敛，且其和不变.

注意： 加括号后所成的级数收敛，不能断定原来未加括号的级数也收敛，即性质 4 的逆命题不成立.

例如，级数$\sum\limits_{n=0}^{\infty}(-1)^n$加括号后所成的级数

$$(1-1)+(1-1)+\cdots$$

收敛于零，但是原级数 $\sum_{n=0}^{\infty}(-1)^n=1-1+1-1+\cdots$ 却是发散的.

根据性质 4 还可得到以下结论：**若加括号后所成的级数发散，则原来级数也发散.**

性质 5（级数收敛的必要条件） 若级数 $\sum_{n=1}^{\infty}u_n$ 收敛，则它的一般项 u_n 趋于零，即 $\lim_{n\to\infty}u_n=0$.

由此可知，**若级数的一般项不趋于零，则该级数必定发散**.

例如，级数 $\frac{1}{2}+\frac{2}{3}+\frac{3}{4}+\cdots+\frac{n}{n+1}+\cdots$，当 $n\to\infty$ 时，它的一般项 $u_n=\frac{n}{n+1}\to 1\neq 0$，所以该级数是发散的.

注意：级数的一般项趋于零是级数收敛的必要条件而非充分条件.

例如，**调和级数**

$$1+\frac{1}{2}+\frac{1}{3}+\cdots\frac{1}{n}+\cdots,$$

虽然它的一般项 $u_n\to 0(n\to\infty)$，可以证明级数是发散的（证明略）.

例 11.4 根据收敛级数的性质判定下列级数的收敛性.

（1）$\sum_{n=1}^{\infty}\frac{2+(-1)^n}{3^n}$；　（2）$\sum_{n=1}^{\infty}\frac{1}{4+n}$；　（3）$\sum_{n=1}^{\infty}(-1)^n\frac{n}{n+3}$.

解 （1）因为 $\sum_{n=1}^{\infty}\frac{2+(-1)^n}{3^n}=\sum_{n=1}^{\infty}\left[\frac{2}{3^n}+\left(\frac{-1}{3}\right)^n\right]$，且 $\sum_{n=1}^{\infty}\frac{1}{3^n}$ 和 $\sum_{n=1}^{\infty}\left(\frac{-1}{3}\right)^n$ 都是公比的绝对值小于 1 的等比级数，均收敛，所以由性质 1、性质 2 可知，所给级数收敛.

（2）所给级数是由调和级数 $\sum_{n=1}^{\infty}\frac{1}{n}$ 去掉前四项所得，因调和级数发散，所以由性质 3 可知，所给级数发散.

（3）因为 $\lim_{n\to\infty}(-1)^n\frac{n}{n+3}\neq 0$，由性质 5 的推论知，所给级数发散.

练习题 11.1

1．写出下列级数的前五项.

（1）$\sum_{n=1}^{\infty}\frac{1+n}{1+n^2}$；　（2）$\sum_{n=1}^{\infty}\frac{n!}{n^n}$.

2．写出下列级数的一般项.

（1）$1+\frac{1}{3}+\frac{1}{5}+\frac{1}{7}+\cdots$；　（2）$\frac{\sqrt{x}}{2}+\frac{x}{2\cdot 4}+\frac{x\sqrt{x}}{2\cdot 4\cdot 6}+\frac{x^2}{2\cdot 4\cdot 6\cdot 8}+\cdots$；

（3）$\frac{1}{2}+\frac{3}{5}+\frac{5}{10}+\cdots$；　（4）$-\frac{t^2}{3}+\frac{t^3}{5}-\frac{t^4}{7}+\frac{t^5}{9}-\cdots$.

3．根据级数收敛与发散的定义判定下列级数的收敛性.

（1）$\sum_{n=1}^{\infty}(\sqrt{n+1}-\sqrt{n})$；

（2）$\frac{1}{1\cdot 6}+\frac{1}{6\cdot 11}+\cdots\frac{1}{(5n-4)(5n+1)}+\cdots$.

4．判定下列级数的收敛性，并求出收敛级数的和.

（1）$\frac{8}{9}+\frac{8^2}{9^2}+\frac{8^3}{9^3}+\frac{8^4}{9^4}+\cdots$；　（2）$\frac{1}{2}+\frac{1}{4}+\frac{1}{6}+\cdots\frac{1}{2n}+\cdots$；

（3）$\sum_{n=1}^{\infty}\left(\frac{n+1}{n}\right)^n$；　（4）$\sum_{n=1}^{\infty}\left(\frac{2}{3^n}-\frac{1}{4^n}\right)$.

11.2 常数项级数的审敛法

一般的常数项级数，它的各项可以是正数、负数或零．本节先来讨论两类特殊的常数项级数，即**正项级数**和**交错级数**的概念及审敛法．然后，进一步讨论一般的常数项级数的收敛性问题.

11.2.1 正项级数及其审敛法

各项都是正数或零的级数，我们称为**正项级数**．正项级数是一类非常重要的级数，许多级数的收敛性问题都可归结为正项级数的收敛性问题.

设级数

$$u_1+u_2+\cdots u_n+\cdots$$

是一个正项级数（$u_n\geqslant 0$），它的部分和为 s_n．易知数列 $\{s_n\}$ 是单调增加的数列

$$s_1\leqslant s_2\leqslant\cdots\leqslant s_n\leqslant\cdots.$$

由数列的单调有界准则知，$\{s_n\}$ 收敛的充分必要条件是 $\{s_n\}$ 有界．因此，我们有如下重要结论.

定理 11.1　正项级数 $\sum_{n=1}^{\infty}u_n$ 收敛的充分必要条件是它的部分和数列 $\{s_n\}$ 有界.

直接用定理 11.1 来判别正项级数的收敛性有时不太方便．我们可另取一个已经知道其敛散性的正项级数 $\sum_{n=1}^{\infty}v_n$ 作为参照级数，将 $\sum_{n=1}^{\infty}u_n$ 与 $\sum_{n=1}^{\infty}v_n$ 做比较，判断

$\sum_{n=1}^{\infty}u_n$ 的敛散性．因此，给出如下定理．

定理 11.2（比较审敛法） 设 $\sum_{n=1}^{\infty}u_n$ 和 $\sum_{n=1}^{\infty}v_n$ 均为正项级数，且 $u_n \leqslant v_n$（n=1,2,…）. 若级数 $\sum_{n=1}^{\infty}v_n$ 收敛，则级数 $\sum_{n=1}^{\infty}u_n$ 收敛；若级数 $\sum_{n=1}^{\infty}u_n$ 发散，则级数 $\sum_{n=1}^{\infty}v_n$ 发散．

证 设级数 $\sum_{n=1}^{\infty}v_n$ 收敛于和 σ，则级数 $\sum_{n=1}^{\infty}u_n$ 的部分和

$$s_n = u_1+u_2+\cdots+u_n \leqslant v_1+v_2+\cdots+v_n \leqslant \sigma \quad (n=1,2,\ldots).$$

即部分和数列 $\{s_n\}$ 有界，由定理 11.1 知，级数 $\sum_{n=1}^{\infty}u_n$ 收敛．

设级数 $\sum_{n=1}^{\infty}u_n$ 发散，则级数 $\sum_{n=1}^{\infty}v_n$ 必发散．事实上，假设 $\sum_{n=1}^{\infty}v_n$ 收敛，由前面的证明结论可得级数 $\sum_{n=1}^{\infty}u_n$ 也收敛，与假设矛盾．

例 11.5 讨论 p 级数

$$\sum_{n=1}^{\infty}\frac{1}{n^p}=1+\frac{1}{2^p}+\frac{1}{3^p}+\frac{1}{4^p}+\ldots+\frac{1}{n^p}+\ldots \tag{11.3}$$

的收敛性，其中常数 $p>0$．

解 当 $0<p\leqslant 1$ 时，级数的各项不小于调和级数的对应项，即 $\frac{1}{n^p}\geqslant\frac{1}{n}$，而调和级数是发散的，所以由比较审敛法可知，当 $0<p\leqslant 1$ 时级数（11.3）发散．

当 $p>1$ 时，对于 $k-1\leqslant x\leqslant k$，有 $\frac{1}{k^p}\leqslant\frac{1}{x^p}$，所以

$$\frac{1}{k^p}=\int_{k-1}^{k}\frac{1}{k^p}\mathrm{d}x\leqslant\int_{k-1}^{k}\frac{1}{x^p}\mathrm{d}x \quad (k=2,3,\cdots).$$

从而级数（11.3）的部分和

$$\begin{aligned}s_n&=1+\sum_{k=2}^{n}\frac{1}{k^p}\leqslant 1+\sum_{k=2}^{n}\int_{k-1}^{k}\frac{1}{x^p}\mathrm{d}x=1+\int_{1}^{n}\frac{1}{x^p}\mathrm{d}x\\&=1+\frac{1}{p-1}\left(1-\frac{1}{n^{p-1}}\right)<1+\frac{1}{p-1}\quad(n=2,3,\ldots).\end{aligned}$$

因而数列 $\{s_n\}$ 有界，故由定理 11.1 可知，$p>1$ 时级数（11.3）收敛．

综上所述，可得 p 级数（11.3）当 $0<p\leqslant 1$ 时发散，$p>1$ 时收敛．

例 11.6 证明级数 $\sum_{n=1}^{\infty}\frac{1+n}{1+n^2}$ 是发散的．

证 因为 $\dfrac{1+n}{1+n^2} \geqslant \dfrac{1+n}{n+n^2} = \dfrac{1}{n}$，而调和级数 $\sum\limits_{n=1}^{\infty}\dfrac{1}{n}$ 是发散的. 根据比较审敛法可知，所给级数也是发散的.

例 11.7 判定级数 $\sum\limits_{n=1}^{\infty}\dfrac{1}{n\sqrt{n+1}}$ 的收敛性.

解 因为 $\dfrac{1}{n\sqrt{n+1}} < \dfrac{1}{n^{3/2}} (n=1,2,...)$，而 $\sum\limits_{n=1}^{\infty}\dfrac{1}{n^{3/2}}$ 是 $p=\dfrac{3}{2}>1$ 的收敛 p 级数，所以由比较审敛法知，所给级数收敛.

为应用上的方便，下面我们给出比较审敛法的极限形式.

定理 11.3 （比较审敛法的极限形式） 设 $\sum\limits_{n=1}^{\infty}u_n$ 和 $\sum\limits_{n=1}^{\infty}v_n$ 均为正项级数，

（1）如果 $\lim\limits_{n\to\infty}\dfrac{u_n}{v_n} = \rho (0 \leqslant \rho < +\infty)$，且级数 $\sum\limits_{n=1}^{\infty}v_n$ 收敛，则级数 $\sum\limits_{n=1}^{\infty}u_n$ 收敛；

（2）$\lim\limits_{n\to\infty}\dfrac{u_n}{v_n} = \rho > 0$ 或 $\lim\limits_{n\to\infty}\dfrac{u_n}{v_n} = +\infty$，且级数 $\sum\limits_{n=1}^{\infty}v_n$ 发散，则级数 $\sum\limits_{n=1}^{\infty}u_n$ 发散.

极限形式的比较审敛法，在两个正项级数的一般项均趋于零的情况下，其实是比较它们的一般项作为无穷小量的阶. 定理表明，当 $n\to\infty$ 时，如果 u_n 是与 v_n 同阶或是比 v_n 高阶的无穷小，而级数 $\sum\limits_{n=1}^{\infty}v_n$ 收敛，则级数 $\sum\limits_{n=1}^{\infty}u_n$ 收敛；如果 u_n 是与 v_n 同阶或是比 v_n 低阶的无穷小，而级数 $\sum\limits_{n=1}^{\infty}v_n$ 发散，则级数 $\sum\limits_{n=1}^{\infty}u_n$ 发散.

例 11.8 判定级数 $\sum\limits_{n=1}^{\infty}\sin\dfrac{1}{n}$ 的收敛性.

解 因为

$$\lim_{n\to\infty}\frac{\sin\dfrac{1}{n}}{\dfrac{1}{n}} = 1 > 0,$$

而级数 $\sum\limits_{n=1}^{\infty}\dfrac{1}{n}$ 发散，根据定理 11.3 知此极数发散.

应用比较审敛法判定正项级数的收敛性时，需要找一个已知其收敛性的正项级数作为参照级数，这就使得比较审敛法的应用受到限制. 为了应用上的方便，下面我们给出一个根据所给级数自身来判定其收敛性的方法.

定理 11.4 （比值审敛法，达朗贝尔判别法） 设 $\sum\limits_{n=1}^{\infty}u_n$ 为正项级数，若 $\lim\limits_{n\to\infty}\dfrac{u_{n+1}}{u_n} = \rho$，则

（1）当 $\rho<1$ 时，原级数收敛；

（2）当 $\rho>1$（包括 $\rho=\infty$）时，原级数发散；

（3）当 $\rho=1$ 时，原级数可能收敛也可能发散.

例 11.9 判定下列级数的收敛性.

（1）$\sum_{n=1}^{\infty}\frac{n!}{10^n}$；　　（2）$\sum_{n=1}^{\infty}\frac{n^2}{3^n}$.

解 （1）因为

$$\lim_{n\to\infty}\frac{u_{n+1}}{u_n}=\lim_{n\to\infty}\frac{(n+1)!}{10^{n+1}}\cdot\frac{10^n}{n!}=\lim_{n\to\infty}\frac{n+1}{10}=\infty,$$

所以，由比值审敛法可知，所给级数发散.

（2）因为

$$\lim_{n\to\infty}\frac{u_{n+1}}{u_n}=\lim_{n\to\infty}\frac{(n+1)^2}{3^{n+1}}\cdot\frac{3^n}{n^2}=\lim_{n\to\infty}\frac{1}{3}\left(\frac{n+1}{n}\right)^2=\frac{1}{3}<1,$$

所以，由比值审敛法可知，所给级数收敛.

注意：（1）定理 11.1 ~ 定理 11.4 只适用于判定正项级数的收敛性.

（2）若用比值审敛法判定正项级数发散，必有其一般项不趋于零.

11.2.2 交错级数及其审敛法

各项正负交错的级数，我们称为**交错级数**．设 $u_n>0\ (n=1,2,\ldots)$，则交错级数具有以下形式

$$u_1-u_2+u_3-u_4+\cdots \tag{11.4}$$

或

$$-u_1+u_2-u_3+u_4-\cdots \tag{11.5}$$

可记为 $\sum_{n=1}^{\infty}(-1)^{n-1}u_n$ 或 $\sum_{n=1}^{\infty}(-1)^{n}u_n$．由于 $\sum_{n=1}^{\infty}(-1)^{n}u_n=-\sum_{n=1}^{\infty}(-1)^{n-1}u_n$，所以级数 $\sum_{n=1}^{\infty}(-1)^{n-1}u_n$ 与级数 $\sum_{n=1}^{\infty}(-1)^{n}u_n$ 同敛散，因此，我们只研究形同级数（11.4）的交错级数.

定理 11.5（莱布尼茨定理） 若交错级数 $\sum_{n=1}^{\infty}(-1)^{n-1}u_n$ 满足条件：

（1）$u_n\geqslant u_{n+1}(n=1,2,\ldots)$；

（2）$\lim_{n\to\infty}u_n=0$；

则级数收敛，且其和 $s\leqslant u_1$.

例 11.10 判定级数 $\sum_{n=1}^{\infty}(-1)^{n-1}\frac{1}{n}$ 的收敛性.

解 所给级数为交错级数，且满足条件

（1）$u_n=\dfrac{1}{n}>\dfrac{1}{n+1}=u_{n+1}(n=1,2,\ldots)$；

（2）$\lim\limits_{n\to\infty}u_n=\lim\limits_{n\to\infty}\dfrac{1}{n}=0$.

故所给级数是收敛的，且其和 $s<1$.

应用定理 11.5 判定交错级数的收敛性时，条件（1）往往不容易直接看出，因此可以通过判定相邻两项的绝对值的差与零的大小或商与 1 的大小来比较 u_n 与 u_{n+1} 的大小关系，也可通过求导数，利用函数的单调性来比较 u_n 与 u_{n+1} 的大小.

例 11.11 判定级数 $\sum\limits_{n=1}^{\infty}(-1)^{n-1}\dfrac{n}{2^{n-1}}$ 的收敛性.

解 因为 $u_n=\dfrac{n}{2^{n-1}}$，$u_{n+1}=\dfrac{n+1}{2^n}$，且

$$u_n-u_{n+1}=\frac{n}{2^{n-1}}-\frac{n+1}{2^n}=\frac{n-1}{2^n}\geqslant 0\quad(n=1,2,\ldots),$$

所以 $u_n\geqslant u_{n+1}$ $(n=1,2,\ldots)$. 又因为

$$\lim_{n\to\infty}u_n=\lim_{n\to\infty}\frac{n}{2^{n-1}}=0.$$

故由莱布尼茨定理可知，所给级数收敛.

例 11.12 判定级数 $\sum\limits_{n=1}^{\infty}(-1)^{n-1}\dfrac{\ln n}{n}$ 的收敛性.

解 设 $f(x)=\dfrac{\ln x}{x}(x>3)$，则当 x 取正整数 n 时，有

$$f(n)=u_n=\frac{\ln n}{n}.$$

又

$$f'(x)=\frac{1-\ln x}{x^2}<0(x>3),$$

所以函数 $f(x)$ 是单调递减的，即当 $n>3$ 时，$\left\{\dfrac{\ln n}{n}\right\}$ 是递减数列，故有 $u_n\geqslant u_{n+1}$，又

$$\lim_{n\to\infty}u_n=\lim_{n\to\infty}\frac{\ln n}{n}=\lim_{n\to\infty}\frac{1}{n}=0,$$

于是，由莱布尼茨定理可知，所给级数收敛.

11.2.3 绝对收敛与条件收敛

下面我们来讨论一般的常数项级数

$$u_1+u_2+\cdots+u_n+\cdots$$

其中各项可以是正数、负数或零.

定义 11.3 若级数 $\sum_{n=1}^{\infty} u_n$ 各项的绝对值所构成的正项级数 $\sum_{n=1}^{\infty} |u_n|$ 收敛，则称级数 $\sum_{n=1}^{\infty} u_n$ **绝对收敛**；若级数 $\sum_{n=1}^{\infty} u_n$ 收敛，而级数 $\sum_{n=1}^{\infty} |u_n|$ 发散，则称级数 $\sum_{n=1}^{\infty} u_n$ **条件收敛**.

例如，级数 $\sum_{n=1}^{\infty} (-1)^{n-1} \frac{1}{n^2}$ 是绝对收敛级数，而 $\sum_{n=1}^{\infty} (-1)^{n-1} \frac{1}{n}$ 是条件收敛级数. 级数绝对收敛与级数条件收敛有如下重要关系.

定理 11.6 若级数 $\sum_{n=1}^{\infty} u_n$ 绝对收敛，则级数 $\sum_{n=1}^{\infty} u_n$ 必定收敛.

也就是说，对于一般的常数项级数 $\sum_{n=1}^{\infty} u_n$，若用正项级数的审敛法判定级数 $\sum_{n=1}^{\infty} |u_n|$ 收敛，则级数 $\sum_{n=1}^{\infty} u_n$ 也收敛. 从而，可将许多级数的收敛性判定问题转化为正项级数的收敛性判定问题. 由此我们得如下判定定理.

定理 11.7 设 $\sum_{n=1}^{\infty} u_n$ 为一般的常数项级数，如果 $\lim\limits_{n\to\infty} \left|\frac{u_{n+1}}{u_n}\right| = \rho$，则

（1）当 $\rho < 1$ 时，原级数绝对收敛；

（2）当 $\rho > 1$（包括 $\rho = \infty$）时，原级数发散；

（3）当 $\rho = 1$ 时，原级数可能收敛也可能发散.

说明：当 $\lim\limits_{n\to\infty} \left|\frac{u_{n+1}}{u_n}\right| = \rho > 1$ 时，可推出 $\lim\limits_{n\to\infty} u_n \neq 0$，因此，判定级数 $\sum_{n=1}^{\infty} u_n$ 必定发散.

例 11.13 判定下列级数是否收敛？若是收敛的，是绝对收敛还是条件收敛？

（1）$\sum_{n=1}^{\infty} (-1)^{n-1} \frac{n}{3^{n-1}}$；（2）$\sum_{n=1}^{\infty} (-1)^{n-1} \frac{2^n}{2n-1}$；（3）$\sum_{n=1}^{\infty} \frac{\cos nx}{n^2}$；（4）$\sum_{n=1}^{\infty} (-1)^{n-1} \frac{1}{\sqrt{n}}$.

解 （1）因为 $\lim\limits_{n\to\infty} \left|\frac{u_{n+1}}{u_n}\right| = \lim\limits_{n\to\infty} \frac{\frac{n+1}{3^n}}{\frac{n}{3^{n-1}}} = \frac{1}{3} \lim\limits_{n\to\infty} \frac{n+1}{n} = \frac{1}{3} < 1$，所以级数 $\sum_{n=1}^{\infty} (-1)^{n-1} \frac{n}{3^{n-1}}$ 绝对收敛.

（2）因为 $\lim\limits_{n\to\infty} \left|\frac{u_{n+1}}{u_n}\right| = \lim\limits_{n\to\infty} \frac{\frac{2^{n+1}}{2n+1}}{\frac{2^n}{2n-1}} = 2 \lim\limits_{n\to\infty} \frac{2n-1}{2n+1} = 2 > 1$，所以级数 $\sum_{n=1}^{\infty} (-1)^{n-1} \frac{2^n}{2n-1}$ 发散.

（3）因为$\left|\dfrac{\cos nx}{n^2}\right| \leqslant \dfrac{1}{n^2}$，而级数$\sum\limits_{n=1}^{\infty}\dfrac{1}{n^2}$是$p=2>1$的收敛$p$级数，所以，级数$\sum\limits_{n=1}^{\infty}\left|\dfrac{\cos nx}{n^2}\right|$也收敛．即级数$\sum\limits_{n=1}^{\infty}\dfrac{\cos nx}{n^2}$绝对收敛．

（4）显然级数$\sum\limits_{n=1}^{\infty}(-1)^{n-1}\dfrac{1}{\sqrt{n}}$为交错级数，且$u_n=\dfrac{1}{\sqrt{n}} \geqslant u_{n+1}=\dfrac{1}{\sqrt{n+1}}$，$\lim\limits_{n\to\infty}u_n=\lim\limits_{n\to\infty}\dfrac{1}{\sqrt{n}}=0$，故该级数收敛．又因为$\sum\limits_{n=1}^{\infty}\left|(-1)^{n-1}\dfrac{1}{\sqrt{n}}\right|=\sum\limits_{n=1}^{\infty}\dfrac{1}{\sqrt{n}}$是$p=\dfrac{1}{2}<1$的发散$p$级数，所以,级数$\sum\limits_{n=1}^{\infty}(-1)^{n-1}\dfrac{1}{\sqrt{n}}$条件收敛．

练习题 11.2

1．用比较审敛法判定下列级数的收敛性．

（1）$\sum\limits_{n=1}^{\infty}\dfrac{1}{(n+1)(n+3)}$；　　（2）$\sum\limits_{n=1}^{\infty}\dfrac{1}{1+a^n}(a>0)$；

（3）$\sum\limits_{n=1}^{\infty}\dfrac{1}{\sqrt{n(n+2)}}$．

2．用比值审敛法判定下列级数的收敛性．

（1）$\sum\limits_{n=1}^{\infty}\dfrac{1+n}{n\cdot 2^n}$；　　（2）$\sum\limits_{n=1}^{\infty}2^n\sin\dfrac{\pi}{3^n}$；

（3）$\sum\limits_{n=1}^{\infty}\dfrac{3^n\cdot n!}{n^n}$．

3．判定下列级数是否收敛？若是收敛的，是绝对收敛还是条件收敛？

（1）$\sum\limits_{n=1}^{\infty}(-1)^{n-1}\dfrac{1}{2\cdot 3^n}$；　　（2）$\sum\limits_{n=1}^{\infty}(-1)^{n-1}\dfrac{1}{\ln(n+1)}$；

（3）$\sum\limits_{n=1}^{\infty}\dfrac{\sin nx}{(n+1)^2}$；　　（4）$\sum\limits_{n=1}^{\infty}\dfrac{(-1)^n}{na^n}(a>0)$．

11.3　幂级数

前面我们讨论了常数项级数的收敛性问题，从本节开始讨论函数项级数的收敛性问题．幂级数是函数项级数中简单而常见的一类级数．本节将介绍幂级数的收敛半径、收敛区间及收敛域的概念与求法，并利用和函数的基本性质求幂级数的和函数．

11.3.1　函数项级数的概念

设 $u_1(x),u_2(x),u_3(x),...,u_n(x),...$ 是定义在区间 I 上的函数列，则将表达式

$$u_1(x)+u_2(x)+u_3(x)+\cdots+u_n(x)+\cdots$$

称为定义在区间 I 上的**函数项无穷级数**，简称**函数项级数**，记为 $\sum_{n=1}^{\infty}u_n(x)$.

对于每一个确定的值 $x_0\in I$，若数项级数 $\sum_{n=1}^{\infty}u_n(x_0)$ 收敛（发散），则称点 x_0 为函数项级数 $\sum_{n=1}^{\infty}u_n(x)$ 的**收敛（发散）点**．函数项级数 $\sum_{n=1}^{\infty}u_n(x)$ 的收敛（发散）点的全体称为它的**收敛（发散）域**.

对应于收敛域内的任一数 x，函数项级数成为一个收敛的常数项级数，因而有一确定的和 S．这样，在收敛域上函数项级数的和是 x 的函数 $S(x)$，称 $S(x)$ 为函数项级数的和函数，即

$$S(x)=\sum_{n=1}^{\infty}u_n(x)=u_1(x)+u_2(x)+u_3(x)+\cdots+u_n(x)+\cdots.$$

其中和函数 $S(x)$ 的定义域即为级数的收敛域.

将函数项级数 $\sum_{n=1}^{\infty}u_n(x)$ 的前 n 项的部分和记为 $S_n(x)$，则在收敛域上有

$$\lim_{n\to\infty}S_n(x)=S(x).$$

并称 $r_n(x)=S(x)-S_n(x)$ 为函数项级数的**余项**，且有 $\lim_{n\to\infty}r_n(x)=0$.

注意：只有 x 在收敛域上余项 $r_n(x)$ 才有意义.

11.3.2　幂级数及其收敛性

形如

$$\sum_{n=0}^{\infty}a_n(x-x_0)^n=a_0+a_1(x-x_0)+a_2(x-x_0)^2+...+a_n(x-x_0)^n+... \qquad (11.6)$$

的函数项级数称为 $x-x_0$ 的**幂级数**，其中常数 $a_0,a_1,a_2,...,a_n,...$ 称为幂级数的系数.

特殊地，当 $x_0=0$ 时，幂级数（11.6）成为

$$\sum_{n=0}^{\infty}a_nx^n=a_0+a_1x+a_2x^2+\cdots+a_nx^n+\cdots, \qquad (11.7)$$

称此级数为 x 的幂级数.

对于一个给定的幂级数，怎样确定它的收敛域和发散域呢？

由于幂级数 $\sum_{n=0}^{\infty}a_n(x-x_0)^n$ 可通过变换 $t=x-x_0$ 化为幂级数 $\sum_{n=0}^{\infty}a_nx^n$ 的形式，因

此我们只讨论级数$\sum_{n=0}^{\infty}a_nx^n$的收敛问题.

我们来考察幂级数

$$1+x+x^2+\cdots+x^n+\cdots$$

的收敛性. 这是以x为公比的等比级数，当$|x|<1$时，级数收敛于$\frac{1}{1-x}$；当$|x|\geqslant 1$时，级数发散. 因此，该级数的收敛域为开区间$(-1,1)$，发散域为$(-\infty,-1]$及$[1,+\infty)$，且有

$$\frac{1}{1-x}=1+x+x^2+\cdots+x^n+\cdots(-1<x<1).$$

由此可见，幂级数的收敛域是一个区间，此结论对于一般的幂级数也成立. 我们有如下定理.

定理 11.8（阿贝尔定理） 若级数$\sum_{n=0}^{\infty}a_nx^n$当$x=x_0(x_0\neq 0)$时收敛，则适合不等式$|x|<|x_0|$的一切$x$使该幂级数绝对收敛. 反之，若级数$\sum_{n=0}^{\infty}a_nx^n$当$x=x_0$时发散，则适合不等式$|x|>|x_0|$的一切$x$使该幂级数发散.

由定理 11.8 可以看出，若幂级数在$x=x_0$处收敛，则对于开区间$\left(-|x_0|,|x_0|\right)$内的任何$x$，幂级数都收敛；若幂级数在$x=x_0$处发散，则对于闭区间$\left[-|x_0|,|x_0|\right]$外的任何$x$，幂级数都发散. 由定理 11.8 我们可以得到以下推论.

推论 1 若幂级数$\sum_{n=0}^{\infty}a_nx^n$不是仅在$x=0$一点收敛，也不是在整个数轴上都收敛，则必有一个确定的正数R存在，使得

（1）当$|x|<R$时，幂级数绝对收敛；

（2）当$|x|>R$时，幂级数发散；

（3）当$x=R$与$x=-R$时，幂级数可能收敛也可能发散.

正数R称为幂级数$\sum_{n=0}^{\infty}a_nx^n$的**收敛半径**. 开区间$(-R,R)$称为幂级数$\sum_{n=0}^{\infty}a_nx^n$的**收敛区间**. 再根据幂级数在$x=\pm R$处的收敛性，可确定幂级数的收敛域为$(-R,R)$或$[-R,R)$或$(-R,R]$或$[-R,R]$.

关于幂级数的收敛半径的求法，我们有如下定理.

定理 11.9 若$\lim\limits_{n\to\infty}\left|\frac{a_{n+1}}{a_n}\right|=\rho$，其中$a_n,a_{n+1}$是幂级数$\sum_{n=0}^{\infty}a_nx^n$的相邻两项的系数，则该幂级数的收敛半径

$$R=\begin{cases}\dfrac{1}{\rho}, & \rho\neq 0,\\ +\infty, & \rho=0,\\ 0, & \rho=+\infty.\end{cases}$$

注意：$R=0$ 时，收敛域收缩为一点 $x=0$；$R=+\infty$ 时，收敛域为 $(-\infty,+\infty)$．上述三种情况可统一为 $R=\dfrac{1}{\rho}=\lim\limits_{n\to\infty}\left|\dfrac{a_n}{a_{n+1}}\right|$．

例 11.14　求下列幂级数的收敛域（规定 0！=1）．

（1）$\sum\limits_{n=0}^{\infty}\dfrac{1}{n!}x^n$；

（2）$\sum\limits_{n=0}^{\infty}n!\,x^n$．

解　（1）因为

$$R=\lim_{n\to\infty}\left|\frac{a_n}{a_{n+1}}\right|=\lim_{n\to\infty}\frac{\frac{1}{n!}}{\frac{1}{(n+1)!}}=\lim_{n\to\infty}(n+1)=+\infty\ .$$

所以收敛域为 $(-\infty,+\infty)$．

（2）因为

$$R=\lim_{n\to\infty}\left|\frac{a_n}{a_{n+1}}\right|=\lim_{n\to\infty}\frac{n!}{(n+1)!}=\lim_{n\to\infty}\frac{1}{(n+1)}=0\ ,$$

所以，级数仅在 $x=0$ 一点处收敛．

例 11.15　求幂级数 $\sum\limits_{n=1}^{\infty}\dfrac{x^n}{n\cdot 2^n}$ 的收敛半径与收敛域．

解　$R=\lim\limits_{n\to\infty}\left|\dfrac{a_n}{a_{n+1}}\right|=\lim\limits_{n\to\infty}\dfrac{\frac{1}{n\cdot 2^n}}{\frac{1}{(n+1)\cdot 2^{n+1}}}=\lim\limits_{n\to\infty}\dfrac{2(n+1)}{n}=2$，即收敛半径 $R=2$．

当 $x=2$ 时，幂级数成为调和级数 $\sum\limits_{n=1}^{\infty}\dfrac{1}{n}$，级数发散；当 $x=-2$ 时，幂级数成为交错级数 $\sum\limits_{n=1}^{\infty}(-1)^n\dfrac{1}{n}$，此级数收敛．因此，收敛域为[−2,2)．

例 11.16　求幂级数 $\sum\limits_{n=0}^{\infty}\dfrac{2n+1}{2^{n+1}}x^{2n}$ 的收敛半径．

解　级数缺少奇次幂的项，不能直接应用定理 11.9 求收敛半径．由定理 11.7 知

$$\lim_{n\to\infty}\left|\frac{u_{n+1}}{u_n}\right| = \lim_{n\to\infty}\left|\frac{\frac{2n+3}{2^{n+2}}x^{2(n+1)}}{\frac{2n+1}{2^{n+1}}x^{2n}}\right| = \frac{x^2}{2}.$$

当$\frac{|x|^2}{2}<1$即$|x|<\sqrt{2}$时级数收敛；当$\frac{|x|^2}{2}>1$即$|x|>\sqrt{2}$时级数发散．所以，原幂级数的收敛半径$R=\sqrt{2}$．

例 11.17 求幂级数$\sum_{n=1}^{\infty}\frac{(x-3)^n}{\sqrt{n}}$的收敛域．

解 令$t=x-3$，上述级数变为$\sum_{n=1}^{\infty}\frac{t^n}{\sqrt{n}}$．则收敛半径为

$$R=\lim_{n\to\infty}\left|\frac{a_n}{a_{n+1}}\right| = \lim_{n\to\infty}\frac{\frac{1}{\sqrt{n}}}{\frac{1}{\sqrt{n+1}}} = \lim_{n\to\infty}\sqrt{\frac{n+1}{n}} = 1.$$

所以，当$|t|<1$时，幂级数$\sum_{n=1}^{\infty}\frac{t^n}{\sqrt{n}}$收敛，即当$|x-3|<1$，也即 $2<x<4$ 时幂级数$\sum_{n=1}^{\infty}\frac{(x-3)^n}{\sqrt{n}}$收敛．当$x=2$时，原级数成为交错级数$\sum_{n=1}^{\infty}\frac{(-1)^n}{\sqrt{n}}$，此级数收敛；当$x=4$时，原级数成为$p=\frac{1}{2}<1$的$p$级数$\sum_{n=1}^{\infty}\frac{1}{\sqrt{n}}$，此级数发散．因此原幂级数的收敛域为$[2,4)$．

11.3.3 幂级数的运算性质

性质 1 设幂级数$\sum_{n=0}^{\infty}a_nx^n$及$\sum_{n=0}^{\infty}b_nx^n$的收敛半径分别为$R_1$与$R_2$，和函数分别为$S_1(x)$与$S_2(x)$，记$R=\min\{R_1,R_2\}$，则对于这两个幂级数可进行如下运算：

$$\sum_{n=0}^{\infty}a_nx^n \pm \sum_{n=0}^{\infty}b_nx^n = \sum_{n=0}^{\infty}(a_n+b_n)x^n = S_1(x)\pm S_2(x),\quad x\in(-R,R).$$

关于幂级数的和函数有以下重要性质：

性质 2 幂级数$\sum_{n=0}^{\infty}a_nx^n$的和函数$S(x)$在其收敛域$I$上连续．

性质 3 幂级数$\sum_{n=0}^{\infty}a_nx^n$的和函数$S(x)$在其收敛区间$(-R,R)$内可导，且有逐项求导公式

$$S'(x)=\left(\sum_{n=0}^{\infty}a_nx^n\right)'=\sum_{n=0}^{\infty}\left(a_nx^n\right)'=\sum_{n=1}^{\infty}na_nx^{n-1}.$$

其中$|x|<R$，逐项求导后所得到的幂级数的收敛半径不变.

性质 4 幂级数$\sum_{n=0}^{\infty}a_nx^n$的和函数$S(x)$在其收敛区间$(-R,R)$可积，且有逐项积分公式

$$\int_0^x S(x)\mathrm{d}x=\int_0^x\left(\sum_{n=0}^{\infty}a_nx^n\right)\mathrm{d}x=\sum_{n=0}^{\infty}\int_0^x a_nx^n\mathrm{d}x=\sum_{n=0}^{\infty}\frac{a_n}{n+1}x^{n+1}.$$

其中$|x|<R$，逐项积分后所得到的幂级数的收敛半径不变.

注意：（1）逐项积分与逐项求导后得到的幂级数收敛半径不变，但在收敛区间端点处的收敛性有可能改变.

（2）幂级数$\sum_{n=0}^{\infty}a_nx^n$的和函数$S(x)$在其收敛区间$(-R,R)$内具有任意阶导数.

例 11.18 求幂级数$\sum_{n=1}^{\infty}\frac{x^n}{n}$的和函数.

解 由$R=\lim\limits_{n\to\infty}\left|\frac{a_n}{a_{n+1}}\right|=\lim\limits_{n\to\infty}\frac{\frac{1}{n}}{\frac{1}{n+1}}=\lim\limits_{n\to\infty}\frac{n+1}{n}=1$，得收敛区间为$(-1,1)$.

当$x=1$时，幂级数成为调和级数$\sum_{n=1}^{\infty}\frac{1}{n}$，此级数发散；当$x=-1$时，幂级数成为交错级数$\sum_{n=1}^{\infty}\frac{(-1)^n}{n}$，此级数收敛. 因此，收敛域为$[-1,1)$.

设和函数为$S(x)$，即

$$S(x)=\sum_{n=1}^{\infty}\frac{x^n}{n},\quad x\in[-1,1).$$

显然$S(0)=0$，且由性质 3 逐项求导，可得

$$S'(x)=\sum_{n=1}^{\infty}\left(\frac{x^n}{n}\right)'=\sum_{n=1}^{\infty}x^{n-1}=\frac{1}{1-x}\quad(|x|<1).$$

对上式从 0 到x积分，得

$$\int_0^x S'(x)\mathrm{d}x=S(x)-S(0)=\int_0^x\frac{1}{1-x}\mathrm{d}x=-\ln(1-x).$$

从而，$S(x)=-\ln(1-x)$.

练习题 11.3

1．求下列幂级数的收敛域．

（1）$\sum_{n=1}^{\infty}(-1)^n\frac{x^n}{n^2}$；

（2）$\sum_{n=1}^{\infty}\frac{3^n}{1+n^2}x^n$；

（3）$\sum_{n=1}^{\infty}\frac{1+2n}{n!}x^n$；

（4）$\sum_{n=1}^{\infty}\frac{n!}{n^n}x^n$；

（5）$\sum_{n=1}^{\infty}(-1)^n\frac{x^{2n+1}}{2n+1}$；

（6）$\sum_{n=1}^{\infty}\frac{(x-4)^n}{n\cdot 2^n}$．

2．求下列幂级数的和函数．

（1）$\sum_{n=1}^{\infty}nx^{n-1}$；

（2）$\sum_{n=1}^{\infty}(-1)^n\frac{x^n}{n}$；

（3）$\sum_{n=1}^{\infty}\frac{x^{2n-1}}{2n-1}$．

11.4 函数展开成幂级数

上节我们讨论了幂级数的收敛域及和函数的性质．本节将要讨论相反的问题：对给定的函数 $f(x)$，能否在某个区间内“展开成幂级数”，即能否找到在某区间内收敛的幂级数，其和恰好为给定的函数 $f(x)$．若能找到这样的幂级数，则称函数 $f(x)$ **在该区间内能展开成幂级数**，而此幂级数在收敛区间内就表达了函数 $f(x)$．

11.4.1 泰勒级数

在给出泰勒（Taylor）级数的概念前，我们不加证明地给出两个公式．

若函数 $f(x)$ 在点 x_0 的某领域内具有直到 $n+1$ 阶的导数，则

$$f(x)=f(x_0)+f'(x_0)(x-x_0)+\frac{f''(x_0)}{2!}(x-x_0)^2+\cdots+\frac{f^{(n)}(x_0)}{n!}(x-x_0)^n+R_n(x). \tag{11.8}$$

该公式称为函数 $f(x)$ 在 x_0 处的**泰勒公式**．其中

$$R_n(x)=\frac{f^{(n+1)}(\xi)}{(n+1)!}(x-x_0)^{n+1}\text{（}\xi\text{ 介于 }x_0\text{ 与 }x\text{ 之间），}$$

称为**拉格朗日型余项**．

如果取 $x_0=0$，令 $\xi=\theta x\ (0<\theta<1)$，则（11.8）式变成

$$f(x)=f(0)+f'(0)x+\frac{f''(0)}{2!}x^2+\cdots+\frac{f^{(n)}(0)}{n!}x^n+\frac{f^{(n+1)}(\theta x)}{(n+1)!}x^{n+1}, \tag{11.9}$$

称为 $f(x)$ 的**麦克劳林（Maclaurin）公式**.

定义 11.4 如果函数 $f(x)$ 在 x_0 的某邻域 $U(x_0)$ 内有任意阶导数，则称幂级数

$$f(x_0)+f'(x_0)(x-x_0)+\frac{f''(x_0)}{2!}(x-x_0)^2+\cdots+\frac{f^{(n)}(x_0)}{n!}(x-x_0)^n+\cdots$$

$$=\sum_{n=0}^{\infty}\frac{1}{n!}f^{(n)}(x_0)(x-x_0)^n \tag{11.10}$$

为 $f(x)$ 在点 x_0 处的**泰勒级数**. 特别地，取 $x_0=0$，得

$$f(0)+f'(0)x+\frac{f''(0)}{2!}x^2+\ldots+\frac{f^{(n)}(0)}{n!}x^n+\ldots=\sum_{n=0}^{\infty}\frac{1}{n!}f^{(n)}(0)x^n. \tag{11.11}$$

上式称为函数 $f(x)$ 的**麦克劳林级数**.

显然,当 $x=x_0$ 时，函数 $f(x)$ 的泰勒级数收敛于 $f(x_0)$，但除了 $x=x_0$ 外，这个级数是否还收敛，以及收敛的话是否收敛于函数 $f(x)$？也就是说函数 $f(x)$ 在点 x_0 处的泰勒级数的和函数 $S(x)$ 是否等于函数 $f(x)$，这决定着函数 $f(x)$ 能否展开成泰勒级数. 关于这些问题,我们有如下定理.

定理 11.10 如果函数 $f(x)$ 在点 x_0 的某邻域 $U(x_0)$ 内具有任意阶导数，函数 $f(x)$ 在该邻域内能展开成泰勒级数的充分必要条件是函数 $f(x)$ 的泰勒公式中的余项 $R_n(x)$ 当 $n\to\infty$ 时的极限为零，即 $\lim\limits_{n\to\infty}R_n(x)=\lim\limits_{n\to\infty}\frac{f^{(n+1)}(\xi)}{(n+1)!}(x-x_0)^{n+1}=0$（$\xi$ 介于 x_0 与 x 之间），并且 $f(x)$ 在点 x_0 处的泰勒展开式为

$$f(x)=\sum_{n=0}^{\infty}\frac{1}{n!}f^{(n)}(x_0)(x-x_0)^n. \tag{11.12}$$

当 $x_0=0$ 时，泰勒展开式（11.12）变为

$$f(x)=\sum_{n=0}^{\infty}\frac{1}{n!}f^{(n)}(0)x^n. \tag{11.13}$$

上式称为函数 $f(x)$ 的**麦克劳林展开式**.

11.4.2 直接展开法

下面给出直接将函数 $f(x)$ 展开成 x 的幂级数的一般步骤:

（1）计算出 $f^{(n)}(x)$ 及 $f^{(n)}(0)$（n=0,1,2,…）;

（2）写出幂级数 $\sum\limits_{n=0}^{\infty}\frac{f^{(n)}(0)}{n!}x^n$，并求出收敛半径 R;

（3）讨论当 $x\in(-R,R)$ 时，$\lim\limits_{n\to\infty}R_n(x)=\lim\limits_{n\to\infty}\frac{f^{(n+1)}(\theta x)}{(n+1)!}x^{n+1}(0<\theta<1)$ 是否为零,

如果为零，则有

$$f(x)=\sum_{n=0}^{\infty}\frac{f^{(n)}(0)}{n!}x^n\ (-R<x<R).$$

否则，$f(x)$ 不能展开成 x 的幂级数.

例 11.19 将函数 $f(x)=\mathrm{e}^x$ 展开成 x 的幂级数.

解 由 $f^{(n)}(x)=\mathrm{e}^x$，得 $f^{(n)}(0)=1$，$(n=0,1,2,\cdots)$，于是得级数

$$1+x+\frac{x^2}{2!}+\ldots+\frac{x^n}{n!}+\ldots.$$

其收敛半径为 $R=+\infty$.

对于任何有限的数 x，有

$$R_n(x)=\left|\frac{\mathrm{e}^{\theta x}}{(n+1)!}x^{n+1}\right|<\mathrm{e}^{|x|}\cdot\left|\frac{x^{n+1}}{(n+1)!}\right|(0<\theta<1),$$

因 $\mathrm{e}^{|x|}$ 是定值，而 $\frac{x^{n+1}}{(n+1)!}$ 是收敛级数 $\sum_{n=0}^{\infty}\frac{x^{n+1}}{(n+1)!}$ 的一般项，因此，$\lim_{n\to\infty}\left(\mathrm{e}^{|x|}\cdot\left|\frac{x^{n+1}}{(n+1)!}\right|\right)=0$，所以，$\lim_{n\to\infty}R_n(x)=0$，从而 $f(x)=\mathrm{e}^x$ 的展开式为

$$\mathrm{e}^x=1+x+\frac{x^2}{2!}+\ldots+\frac{x^n}{n!}+\ldots,\quad x\in(-\infty,+\infty).\tag{11.14}$$

例 11.20 将函数 $f(x)=\sin x$ 展开成 x 的幂级数.

解 由 $f^{(n)}(x)=\sin\left(x+n\cdot\frac{\pi}{2}\right)$ $(n=0,1,2,\ldots)$得，$f^{(n)}(0)$ 循环取 $0,1,0,-1,\ldots$，于是得级数

$$x-\frac{x^3}{3!}+\frac{x^5}{5!}-\ldots+(-1)^n\frac{x^{2n+1}}{(2n+1)!}+\ldots,\quad x\in(-\infty,+\infty).$$

其收敛半径为 $R=+\infty$.

对于任何数 x，有

$$|R_n(x)|=\left|\frac{\sin\left[\theta x+(n+1)\frac{\pi}{2}\right]}{(n+1)!}x^{n+1}\right|\leqslant\left|\frac{x^{n+1}}{(n+1)!}\right|\to 0\ (n\to 0).$$

从而 $f(x)=\sin x$ 的展开式为

$$\sin x=x-\frac{x^3}{3!}+\frac{x^5}{5!}-\ldots+(-1)^n\frac{x^{2n+1}}{(2n+1)!}+\ldots,\quad x\in(-\infty,+\infty).\tag{11.15}$$

这种直接展开法虽然步骤明确，但最后要考察余项是否趋于零，计算量较大，运算繁琐．下面介绍一种间接将函数展开成幂级数的方法.

11.4.3　间接展开法

利用一些已知的函数展开式，通过幂级数的运算以及变量代换等，将所给函数展开成幂级数，这种方法称为**间接展开法**.

利用间接展开法不但计算简单，而且可避免研究余项. 为了应用方便，我们将常用的幂级数展开式列举如下：

$$\mathrm{e}^x=\sum_{n=0}^{\infty}\frac{1}{n!}x^n\ (-\infty<x<\infty)\ ;\tag{11.16}$$

$$\sin x=\sum_{n=0}^{\infty}\frac{(-1)^n}{(2n+1)!}x^{2n+1}(-\infty<x<\infty)\ ;\tag{11.17}$$

$$\frac{1}{1+x}=\sum_{n=0}^{\infty}(-1)^n x^n(-1<x<1)\ .\tag{11.18}$$

利用这 3 个展开式，可得许多函数的幂级数展开式.

例 11.21　将函数 $f(x)=\ln(1+x)$ 展开成 x 的幂级数.

解　因为 $f'(x)=[\ln(1+x)]'=\dfrac{1}{1+x}=\sum\limits_{n=0}^{\infty}(-1)^n x^n$，所以，两端从 0 到 x 逐项积分，得

$$\int_0^x f'(x)\mathrm{d}x=\int_0^x\left[\sum_{n=0}^{\infty}(-1)^n x^n\right]\mathrm{d}x\ .$$

即

$$f(x)-f(0)=\sum_{n=0}^{\infty}(-1)^n\int_0^x x^n\mathrm{d}x=\sum_{n=0}^{\infty}\frac{(-1)^n}{n+1}x^{n+1}\quad(-1<x\leqslant 1),$$

于是有

$$\ln(1+x)=\sum_{n=0}^{\infty}\frac{(-1)^n}{n+1}x^{n+1}=\sum_{n=1}^{\infty}\frac{(-1)^{n-1}}{n}x^n\quad(-1<x\leqslant 1).\tag{11.19}$$

例 11.22　将函数 $f(x)=\cos x$ 展开成 x 的幂级数.

解　对式（11.17）两端逐项求导，得

$$(\sin x)'=\left(\sum_{n=0}^{\infty}\frac{(-1)^n}{(2n+1)!}x^{2n+1}\right)'=\sum_{n=0}^{\infty}\frac{(-1)^n}{(2n)!}x^{2n}\ (-\infty<x<\infty),$$

即

$$\cos x=\sum_{n=0}^{\infty}\frac{(-1)^n}{(2n)!}x^{2n}\ (-\infty<x<\infty),\tag{11.20}$$

式（11.16）～式（11.20）是 5 个最常用的幂级数展开式，可直接利用其结果求出相应函数的幂级数展开式.

例 11.23 将函数 $f(x)=\dfrac{1}{x}$ 展开成 $x-2$ 的幂级数.

解 因为 $f(x)=\dfrac{1}{x}=\dfrac{1}{2+(x-2)}=\dfrac{1}{2}\cdot\dfrac{1}{1+\dfrac{x-2}{2}}$，由式（11.18）可得

$$f(x)=\frac{1}{2}\cdot\frac{1}{1+\dfrac{x-2}{2}}=\frac{1}{2}\sum_{n=0}^{\infty}(-1)^n\left(\frac{x-2}{2}\right)^n=\sum_{n=0}^{\infty}\frac{(-1)^n}{2^{n+1}}(x-2)^n\quad\left(\left|\frac{x-2}{2}\right|<1\right).$$

即 $f(x)=\sum\limits_{n=0}^{\infty}\dfrac{(-1)^n}{2^{n+1}}(x-2)^n\quad(0<x<4)$.

练习题 11.4

1．将下列函数展开成 x 的幂级数，并求展开式成立的区间.

（1）a^x；（2）$(1+x)\ln(1+x)$；

（3）$\sin^2 x$；（4）$\dfrac{1}{(1+x)^2}$.

2．将函数 $f(x)=\dfrac{1}{1+x}$ 展开成 $x-2$ 的幂级数.

3．将函数 $f(x)=\sin x$ 展开成 $x-\dfrac{\pi}{4}$ 的幂级数.

11.5 傅里叶级数

三角级数是由三角函数组成的函数项级数．本节将讨论由正弦函数、余弦函数和常数组成的傅里叶级数，傅里叶级数是一类重要而实用的三角级数，在物理、电子工程技术等方面有着广泛的应用.

11.5.1 三角级数 三角函数系的正交性

客观世界中的许多现象都可用周期函数来描述．例如简谐振动可用周期为 $\dfrac{2\pi}{\omega}$ 的正弦函数 $y=A\sin(\omega t+\varphi)$ 来描述．其中 y 表示动点的位置，t 表示时间，A 为振幅，ω为角频率，φ 为初相．正弦函数是一种简单而常见的周期函数，但在实际问题中，除了正弦函数外，还会遇到非正弦的周期函数，它们反映了较复杂的周期运动．例如，在电子技术中常用的周期为 T 的矩形波（如图 11-1 所示），就是一个非正弦的周期函数.

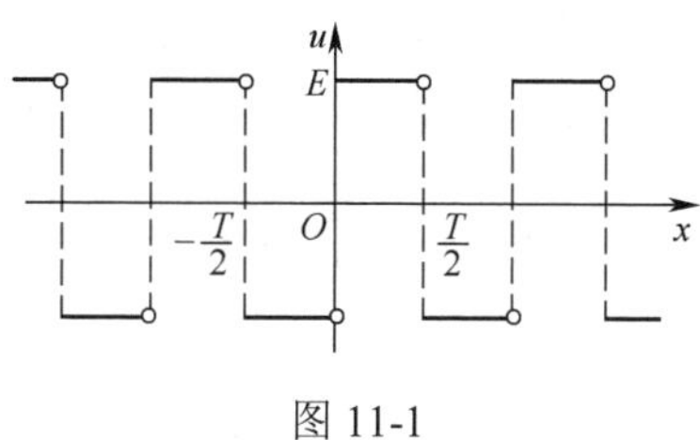

图 11-1

对于非正弦的周期函数，如同前面学习过的函数展开成幂级数一样，我们将其展开成由简单的周期函数如三角函数组成的级数．下面我们首先介绍三角级数的概念．

一般地，形如 $\frac{a_0}{2}+\sum_{n=1}^{\infty}(a_n\cos nx+b_n\sin nx)$ 的级数叫做**三角级数**，其中 a_0，a_n，b_n $(n=1,2,\cdots)$ 都是常数．

函数族

$$1,\cos x,\sin x,\cos 2x,\sin 2x,\ldots,\cos nx,\sin nx,\ldots \tag{11.21}$$

称为**三角函数系**．

容易验证三角函数系具有性质：**在三角函数系中，任意不同的两个函数的乘积在区间 $[-\pi,\pi]$ 上的积分等于零**，即

$$\int_{-\pi}^{\pi}\cos nx\mathrm{d}x=0\ (n=1,2,3,\cdots)；$$

$$\int_{-\pi}^{\pi}\sin nx\mathrm{d}x=0\ (n=1,2,3,\cdots)；$$

$$\int_{-\pi}^{\pi}\sin kx\cos nx\mathrm{d}x=0\ (k,n=1,2,3,\cdots)；$$

$$\int_{-\pi}^{\pi}\cos kx\cos nx\mathrm{d}x=0\ (k,n=1,2,3,\cdots,k\neq n)；$$

$$\int_{-\pi}^{\pi}\sin kx\sin nx\mathrm{d}x=0\ (k,n=1,2,3,\cdots,k\neq n).$$

这个性质称为三角函数系在区间 $[-\pi,\pi]$ 上的**正交性**．

在三角函数系（11.21）中，两个相同函数的乘积在区间 $[-\pi,\pi]$ 上的积分不等于零，即

$$\int_{-\pi}^{\pi}1^2\mathrm{d}x=2\pi，\quad \int_{-\pi}^{\pi}\sin^2 nx\mathrm{d}x=\pi，\quad \int_{-\pi}^{\pi}\cos^2 nx\mathrm{d}x=\pi\ (n=1,2,3,\cdots).$$

11.5.2　函数展开成傅里叶级数

1．周期为 2π 的函数的傅里叶级数

设 $f(x)$ 是周期为 2π 的周期函数，且能展开成三角级数

$$f(x)=\frac{a_0}{2}+\sum_{n=1}^{\infty}(a_n\cos nx+b_n\sin nx). \tag{11.22}$$

我们需要解决两个问题：系数 a_0, a_n, b_n $(n=1,2,3,\cdots)$ 如何确定？ $f(x)$ 在怎样的条件下，展开式（11.22）成立？为此，我们假设式（11.22）右端的级数可逐项积分.

先求 a_0. 对式（11.22）两端从 $-\pi$ 到 π 积分，由于式（11.22）可逐项积分，故有

$$\int_{-\pi}^{\pi} f(x)\mathrm{d}x = \int_{-\pi}^{\pi} \frac{a_0}{2}\mathrm{d}x + \sum_{n=1}^{\infty}\left(a_n\int_{-\pi}^{\pi}\cos nx\mathrm{d}x + b_n\int_{-\pi}^{\pi}\sin nx\mathrm{d}x\right).$$

由三角函数系（11.21）的正交性，得

$$\int_{-\pi}^{\pi} f(x)\mathrm{d}x = \frac{a_0}{2}\cdot 2\pi = \pi a_0 .$$

故

$$a_0 = \frac{1}{\pi}\int_{-\pi}^{\pi} f(x)\mathrm{d}x .$$

再求 a_n. 用 $\cos kx$ 乘以式（11.22）两端，然后从 $-\pi$ 到 π 积分，得

$$\int_{-\pi}^{\pi} f(x)\cos kx\mathrm{d}x = \frac{a_0}{2}\int_{-\pi}^{\pi}\cos kx\mathrm{d}x + \sum_{n=1}^{\infty}\left(a_n\int_{-\pi}^{\pi}\cos nx\cos kx\mathrm{d}x + b_n\int_{-\pi}^{\pi}\sin nx\cos kx\mathrm{d}x\right)\cdot$$

由三角函数系（11.21）的正交性. 等式右端除了 $k=n$ 这一项外，其余各项均为零，所以

$$\int_{-\pi}^{\pi} f(x)\cos nx\mathrm{d}x = a_n\int_{-\pi}^{\pi}\cos^2 nx\mathrm{d}x = \pi a_n .$$

故

$$a_n = \frac{1}{\pi}\int_{-\pi}^{\pi} f(x)\cos nx\mathrm{d}x \quad (n=1,2,3,\cdots).$$

类似地，用 $\sin kx$ 乘以式（11.22）两端，然后从 $-\pi$ 到 π 积分，可得

$$b_n = \frac{1}{\pi}\int_{-\pi}^{\pi} f(x)\sin nx\mathrm{d}x \quad (n=1,2,3,\cdots).$$

由于当 $n=0$ 时，a_n 的表达式恰好给出了 a_0 的表达式，因此，系数 a_0, a_n, b_n 可合并写为

$$\begin{cases} a_n = \dfrac{1}{\pi}\displaystyle\int_{-\pi}^{\pi} f(x)\cos nx\mathrm{d}x \quad (n=0,1,2,\cdots), \\ b_n = \dfrac{1}{\pi}\displaystyle\int_{-\pi}^{\pi} f(x)\sin nx\mathrm{d}x \quad (n=1,2,\cdots). \end{cases} \tag{11.23}$$

由公式（11.23）所确定的系数 a_0, a_n, b_n 称为函数 $f(x)$ 的**傅里叶（Fourier）系数**. 由这些系数所确定的三角级数

$$\frac{a_0}{2} + \sum_{n=1}^{\infty}(a_n\cos nx + b_n\sin nx)$$

称为函数 $f(x)$ 的**傅里叶级数**.

只要公式（11.23）中的积分都存在，就一定可以计算出函数 $f(x)$ 的傅里叶系

数，从而就可以写出函数 $f(x)$ 的傅里叶级数，但这个傅里叶级数不一定收敛于函数 $f(x)$．那么函数 $f(x)$ 满足什么条件才能使它的傅里叶级数一定收敛于函数 $f(x)$？下面我们不加证明的给出如下收敛定理.

定理 11.11（收敛定理） 设 $f(x)$ 是周期为 2π 的周期函数，如果它在一个周期内满足下列条件：

（1）连续或只有有限个第一类间断点；

（2）至多只有有限个极值点，

则 $f(x)$ 的傅里叶级数收敛，并且当 x 是 $f(x)$ 的连续点时，级数收敛于 $f(x)$；当 x 是 $f(x)$ 的间断点时，级数收敛于 $\frac{1}{2}\left[f(x^-)+f(x^+)\right]$.

也就是说，只要函数在 $[-\pi,\pi]$ 上至多有有限个第一类间断点，并且不作无限次振动，函数的傅里叶级数在连续点处就收敛于该点的函数值，在间断点处收敛于该点左、右极限的算术平均值．若记

$$C=\left\{x \mid f(x)=\frac{1}{2}\left[f(x^-)+f(x^+)\right]\right\},$$

则在 C 上有 $f(x)$ 的傅里叶级数收敛于 $f(x)$，即 $f(x)$ 的傅里叶级数展开式为

$$f(x)=\frac{a_0}{2}+\sum_{n=1}^{\infty}(a_n\cos nx+b_n\sin nx), x\in C. \tag{11.24}$$

例 11.24 函数 $f(x)$ 是周期为 2π 的周期函数，它在 $[-\pi,\pi]$ 上的表达式为

$$f(x)=\begin{cases} x, & -\pi\leqslant x<0, \\ 0, & 0\leqslant x<\pi. \end{cases}$$

将 $f(x)$ 展开成傅里叶级数.

解 $f(x)$ 显然满足收敛定理的条件，$f(x)$ 的傅里叶级数在函数的间断点 $x=(2k+1)\pi\ (k\in\mathbf{Z})$ 处收敛于 $\frac{f(x^-)+f(x^+)}{2}=\frac{0+(-\pi)}{2}=-\frac{\pi}{2}$，在连续点 $x(x\neq(2k+1)\pi\ k\in\mathbf{Z})$ 处收敛于 $f(x)$．和函数的图形如图 11-2 所示.

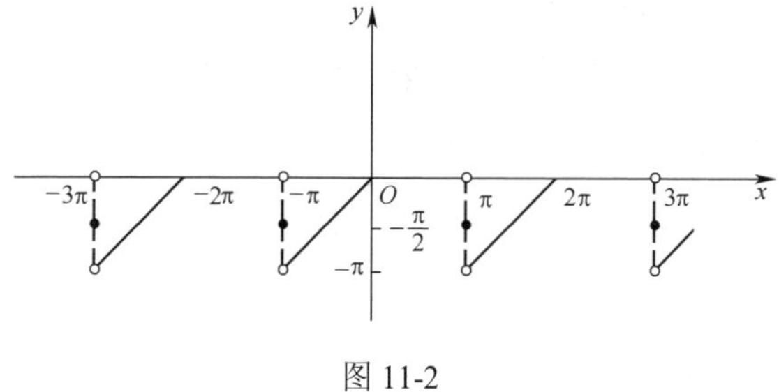

图 11-2

计算傅里叶系数如下：

$$a_n=\frac{1}{\pi}\int_{-\pi}^{\pi}f(x)\cos nx\mathrm{d}x=\frac{1}{\pi}\int_{-\pi}^{0}x\cos nx\mathrm{d}x=\frac{1}{\pi}\left[\frac{x\sin nx}{n}+\frac{x\cos nx}{n^2}\right]_{-\pi}^{0}$$

$$=\frac{1}{n^2\pi}(1-\cos n\pi)=\frac{1}{n^2\pi}\left(1-(-1)^n\right)$$

$$=\begin{cases}\dfrac{2}{n^2\pi}, n=1,3,5,\cdots,\\ 0, \quad n=2,4,6,\cdots.\end{cases}$$

$$a_0=\frac{1}{\pi}\int_{-\pi}^{\pi}f(x)\mathrm{d}x=\frac{1}{\pi}\int_{-\pi}^{0}x\mathrm{d}x=-\frac{\pi}{2},$$

$$b_n=\frac{1}{\pi}\int_{-\pi}^{\pi}f(x)\sin nx\mathrm{d}x=\frac{1}{\pi}\int_{-\pi}^{0}x\sin nx\mathrm{d}x=\frac{1}{\pi}\left[-\frac{x\cos nx}{n}+\frac{\sin nx}{n^2}\right]_{-\pi}^{0}$$

$$=-\frac{\cos n\pi}{n}=\frac{(-1)^{n+1}}{n}.$$

将所得系数代入式（11.24），得 $f(x)$ 的傅里叶级数展开式

$$f(x)=-\frac{\pi}{4}+\left(\frac{2}{\pi}\cos x+\sin x\right)-\frac{1}{2}\sin 2x$$

$$+\left(\frac{2}{9\pi}\cos 3x+\frac{1}{3}\sin 3x\right)-\frac{1}{4}\sin 4x+\cdots$$

$$=-\frac{\pi}{4}+\frac{2}{\pi}\sum_{n=1}^{\infty}\frac{1}{(2n-1)^2}\cos(2n-1)x+\sum_{n=1}^{\infty}\frac{(-1)^{n-1}}{n}\sin nx$$

$$(-\infty<x<+\infty, x\neq(2k+1)\pi, k=0,\pm1,\pm2,...).$$

2. 周期延拓

一般地，如果 $f(x)$ 只在 $[-\pi,\pi]$ 上有定义，且满足收敛定理的条件，则 $f(x)$ 也可以展开成傅里叶级数．此时可令

$$\begin{cases}F(x)=f(x), & x\in[-\pi,\pi],\\ F(x+2\pi)=F(x), & x\in(-\infty,+\infty).\end{cases}$$

则可将 $f(x)$ **周期延拓**为 $F(x)$，然后将 $F(x)$ 展开成傅里叶级数，最后限制 $x\in[-\pi,\pi]$，即可得到 $f(x)$ 的傅里叶级数展开式．

例 11.25 将函数 $f(x)=\begin{cases}-x, & -\pi\leqslant x<0,\\ x, & 0\leqslant x\leqslant\pi\end{cases}$ 展开成傅里叶级数．

解 将 $f(x)$ 周期延拓为 $(-\infty,+\infty)$ 上的周期函数 $F(x)$，则 $F(x)$ 在每一点处都连续（如图 11-3 所示），因此 $F(x)$ 的傅里叶级数在 $[-\pi,\pi]$ 上收敛于 $f(x)$．

计算傅里叶系数如下：

$$a_n=\frac{1}{\pi}\int_{-\pi}^{\pi}f(x)\cos nx\mathrm{d}x=\frac{2}{\pi}\int_{0}^{\pi}x\cos nx\mathrm{d}x=\frac{2}{\pi}\left[\frac{x\sin nx}{n}+\frac{\cos nx}{n^2}\right]_{0}^{\pi}$$

$$=\frac{2}{n^2\pi}(\cos n\pi-1)=\frac{2}{n^2\pi}\left[(-1)^n-1\right]$$

$$=\begin{cases}-\frac{4}{n^2\pi}, n=1,3,5,\ldots,\\ 0, \quad n=2,4,6,\ldots.\end{cases}$$

$$a_0=\frac{1}{\pi}\int_{-\pi}^{\pi}f(x)\mathrm{d}x=\frac{2}{\pi}\int_0^{\pi}x\mathrm{d}x=\pi,$$

$$b_n=\frac{1}{\pi}\int_{-\pi}^{\pi}f(x)\sin nx\mathrm{d}x=0.$$

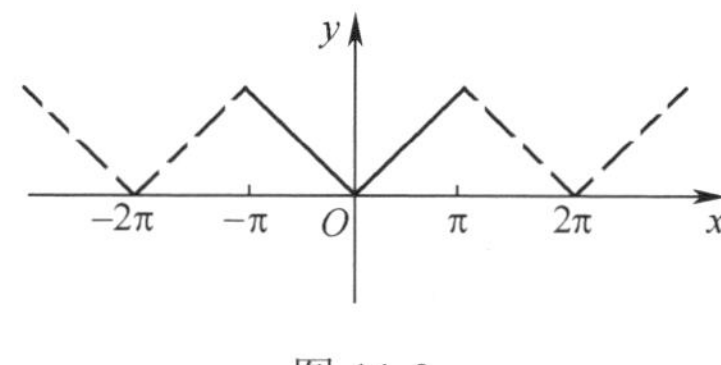

图 11-3

所以，$f(x)$ 的傅里叶级数展开式为

$$f(x)=\frac{\pi}{2}-\frac{4}{\pi}\sum_{k=1}^{\infty}\frac{1}{(2n-1)^2}\cos(2n-1)x(-\pi\leqslant x\leqslant\pi).$$

11.5.3 正弦级数和余弦级数

一般地，一个函数的傅里叶级数既含有正弦项，又含有余弦项（如例 11.23），但也有一些函数的傅里叶级数只含有正弦项或只含有常数项和余弦项（如例 11.24）. 这与所给函数 $f(x)$ 的奇偶性有关.

1. 奇函数与偶函数的傅里叶级数

当 $f(x)$ 为奇函数时，则 $f(x)\cos nx$ 是奇函数，$f(x)\sin nx$ 是偶函数，由式（11.23）得

$$\begin{cases}a_n=0\ (n=0,1,2,\cdots),\\ b_n=\frac{2}{\pi}\int_0^{\pi}f(x)\sin nx\mathrm{d}x\ (n=1,2,3,\cdots).\end{cases} \tag{11.25}$$

从而，奇函数的傅里叶级数为只有正弦项的**正弦级数**

$$\sum_{n=1}^{\infty}b_n\sin nx. \tag{11.26}$$

当 $f(x)$ 为偶函数时，则 $f(x)\cos nx$ 是偶函数，$f(x)\sin nx$ 是奇函数，由式（11.23）得

$$\begin{cases}a_n=\frac{2}{\pi}\int_0^{\pi}f(x)\sin nx\mathrm{d}x\ (n=0,1,2,\ldots),\\ b_n=0\ (n=1,2,3,\ldots).\end{cases} \tag{11.27}$$

从而，偶函数的傅里叶级数为只有常数项和余弦项的**余弦级数**

$$\frac{a_0}{2}+\sum_{n=1}^{\infty}b_n\cos nx \qquad (11.28)$$

例 11.26 设 $f(x)$ 是周期为 2π 的周期函数，它在 $[-\pi,\pi)$ 上的表达式为 $f(x)=x$，将 $f(x)$ 展开成傅里叶级数.

解 显然函数 $f(x)$ 满足收敛定理条件，$f(x)$ 的傅里叶级数在函数的间断点 $x=(2k+1)\pi(k\in\mathbf{Z})$ 处收敛于 $\dfrac{f(\pi^-)+f(-\pi^+)}{2}=\dfrac{\pi+(-\pi)}{2}=0$，在连续点 $x(x\neq(2k+1)\pi\ k\in\mathbf{Z})$ 处收敛于 $f(x)$. 和函数的图形如图 11-4 所示.

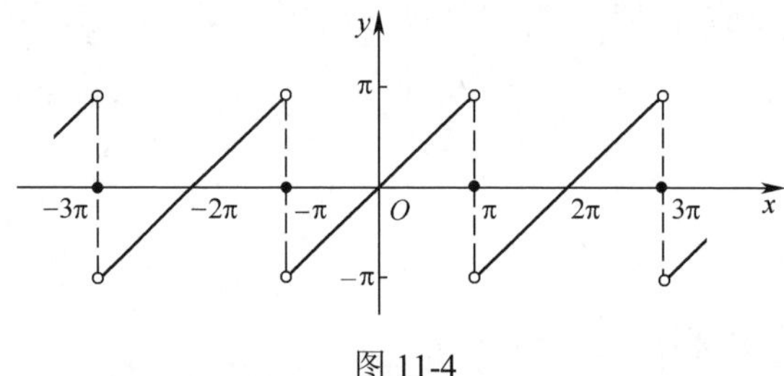

图 11-4

若不考虑 $x=(2k+1)\pi(k\in\mathbf{Z})$，则 $f(x)$ 是周期为 2π 的奇函数，所以，由式（11.25）得

$$\begin{aligned}&a_n=0\ (n=0,1,2,\ldots),\\&b_n=\frac{2}{\pi}\int_0^{\pi}f(x)\sin nx\mathrm{d}x=\frac{2}{\pi}\int_0^{\pi}x\sin nx\mathrm{d}x\\&=\frac{2}{\pi}\left[-\frac{x\cos nx}{n}+\frac{\sin nx}{n^2}\right]_0^{\pi}\\&=-\frac{2}{\pi}\cos n\pi=\frac{2}{n}(-1)^{n-1}(n=1,2,3,\ldots).\end{aligned}$$

将上述系数代入式（11.26），可得 $f(x)$ 的傅里叶级数展开式为

$$f(x)=2\sum_{n=1}^{\infty}\frac{(-1)^{n-1}}{n}\sin nx\ (-\infty<x<+\infty,x\neq(2k+1)\pi,k=0,\pm1,\pm2,\ldots).$$

2. 奇延拓与偶延拓

对于仅在 $[0,\pi]$ 上有定义且满足收敛定理的函数 $f(x)$，可先在 $(-\pi,0)$ 内补充 $f(x)$ 的定义，得到定义在 $(-\pi,\pi]$ 上的函数 $F(x)$，使 $F(x)$ 在 $(-\pi,\pi]$ 内为奇函数（偶函数），这个拓广定义域的过程称为**奇拓延（偶拓延）**，然后将 $F(x)$ 展开成正弦（余弦）级数，最后限制 $x\in(0,\pi]$，即可得到 $f(x)$ 的正弦级数（余弦级数）展开式.

例 11.27 将函数 $f(x)=x+1(0\leqslant x\leqslant\pi)$ 展开成正弦级数和余弦级数.

解 先展开成正弦级数. 对函数 $f(x)$ 作奇延拓（如图 11-5 所示），由式（11.25）得

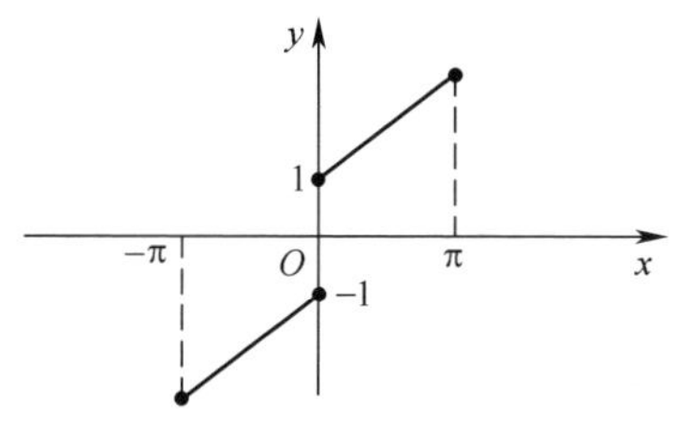

图 11-5

$$a_n = 0 \ (n = 0, 1, 2, \cdots),$$

$$\begin{aligned}
b_n &= \frac{2}{\pi}\int_0^{\pi} f(x)\sin nx\mathrm{d}x = \frac{2}{\pi}\int_0^{\pi}(x+1)\sin nx\mathrm{d}x \\
&= \frac{2}{n\pi}\left[-x\cos nx + \frac{\sin nx}{n} - \cos nx\right]_0^{\pi} \\
&= \frac{2}{n\pi}\left[1 - (\pi+1)\cos n\pi\right] \\
&= \begin{cases} \dfrac{2(\pi+2)}{n\pi}, n = 1, 3, 5, \ldots, \\ -\dfrac{2}{n}, \qquad n = 2, 4, 6, \ldots. \end{cases}
\end{aligned}$$

将所求系数代入式（11.26），得 $f(x)$ 的正弦级数展开式为

$$f(x) = \frac{2}{\pi}\left[(\pi+2)\sin x - \frac{\pi}{2}\sin 2x + \frac{1}{3}(\pi+2)\sin 3x - \frac{\pi}{4}\sin 4x + \cdots\right](0 < x < \pi).$$

在端点 $x = 0$ 和 $x = \pi$ 处，级数均收敛于零，不等于函数 $f(x)$ 在这两点的函数值.

再展开成余弦级数. 对函数 $f(x)$ 作偶延拓（如图 11-6 所示），由式（11.27）得

$$b_n = 0 \ (n = 1, 2, \cdots),$$

$$\begin{aligned}
a_n &= \frac{2}{\pi}\int_0^{\pi} f(x)\cos nx\mathrm{d}x = \frac{2}{\pi}\int_0^{\pi}(x+1)\cos nx\mathrm{d}x \\
&= \frac{2}{n\pi}\left[x\sin nx + \frac{1}{n}\cos nx + \sin nx\right]_0^{\pi} \\
&= \frac{2}{n^2\pi}\left[\cos n\pi - 1\right] \\
&= \frac{2}{n^2\pi}\left[(-1)^n - 1\right] \\
&= \begin{cases} -\dfrac{4}{n^2\pi}, n = 1, 3, 5, \ldots, \\ 0, \qquad n = 2, 4, 6, \ldots. \end{cases}
\end{aligned}$$

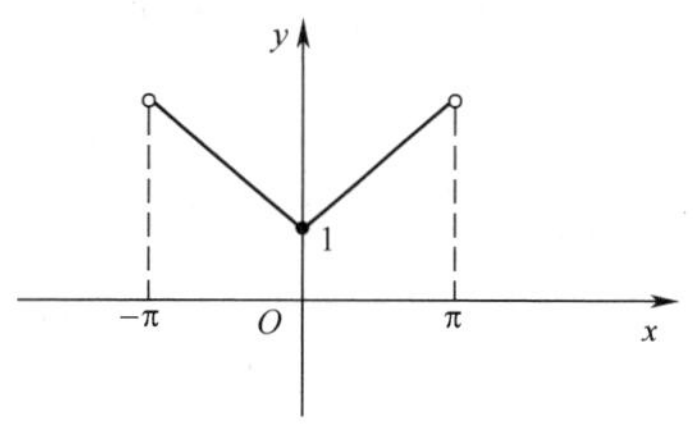

图 11-6

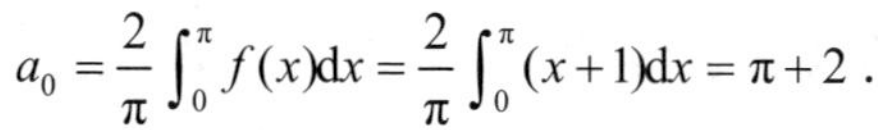

$$a_0 = \frac{2}{\pi}\int_0^{\pi} f(x)\mathrm{d}x = \frac{2}{\pi}\int_0^{\pi}(x+1)\mathrm{d}x = \pi + 2.$$

因为偶延拓后的函数在端点 $x=0$ 和 $x=\pi$ 处均连续，所以，将所求系数代入式（11.28），得 $f(x)$ 的余弦级数展开式为

$$f(x)=x+1=\frac{2}{\pi}+1-\frac{4}{\pi}\sum_{n=1}^{\infty}\frac{\cos(2n-1)x}{(2n-1)^2}\ (0\leqslant x\leqslant\pi).$$

11.5.4　一般周期函数的傅里叶级数

上面我们讨论了以 2π 为周期的函数的傅里叶级数，但在实际问题中往往还会遇到周期不是 2π 的周期函数．下面我们讨论周期为 $2l$ 的周期函数的傅里叶级数．由前面的结果，经过自变量的变量替换，可得以下定理．

定理 11.12　设 $f(x)$ 是周期为 $2l$ 的函数，且满足收敛定理条件，则它的傅里叶级数展开式为

$$f(x)=\frac{a_0}{2}+\sum_{n=1}^{\infty}\left(a_n\cos\frac{n\pi x}{l}+b_n\sin\frac{n\pi x}{l}\right)\ (x\in C),$$

其中

$$\begin{cases}a_n=\dfrac{1}{l}\displaystyle\int_{-l}^{l}f(x)\cos\frac{n\pi x}{l}\mathrm{d}x\ (n=0,1,2,\ldots),\\ b_n=\dfrac{1}{l}\displaystyle\int_{-l}^{l}f(x)\sin\frac{n\pi x}{l}\mathrm{d}x\ (n=1,2,\ldots).\end{cases}\qquad(11.29)$$

若 $f(x)$ 为奇函数，则有

$$f(x)=\sum_{n=1}^{\infty}\left(b_n\sin\frac{n\pi x}{l}\right)\ (x\in C),\qquad(11.30)$$

其中，

$$b_n=\frac{2}{l}\int_0^l f(x)\sin\frac{n\pi x}{l}\mathrm{d}x\ (n=1,2,\ldots).\qquad(11.31)$$

若 $f(x)$ 为偶函数，则有

$$f(x)=\frac{a_0}{2}+\sum_{n=1}^{\infty}a_n\cos\frac{n\pi x}{l}\ (x\in C),\qquad(11.32)$$

其中，

$$a_n=\frac{2}{l}\int_0^l f(x)\cos\frac{n\pi x}{l}\mathrm{d}x\ (n=0,1,2,\cdots).\qquad(11.33)$$

与前面讨论类似，对于仅定义在 $[-l,l]$ 上且满足收敛定理的函数，可通过周期延拓使之成为以 $2l$ 为周期的周期函数，展开后再将 x 限制在 $[-l,l]$ 上．而对于定义在 $[0,l]$ 上且满足收敛定理的函数，同样可以通过奇延拓（偶延拓），将所给函数展开成正弦级数（余弦级数），最后再将 x 限制在 $[0,l]$ 上．

例 11.28　将函数 $f(x)=x^2,x\in[-l,l]$ 展开成傅里叶级数．

解　此时 $l=1$，将 $f(x)$ 周期延拓为以 2 为周期的函数 $F(x)$（如图 11-7 所示），

则 $F(x)$ 连续且为偶函数，由式（11.33）得

$$
\begin{aligned}
a_n &= \frac{2}{l}\int_0^l f(x)\cos\frac{n\pi x}{l}\mathrm{d}x \\
&= 2\int_0^1 x^2\cos n\pi x\mathrm{d}x \\
&= (-1)^n\frac{4}{n^2\pi^2}(n=1,2,3,\cdots).
\end{aligned}
$$

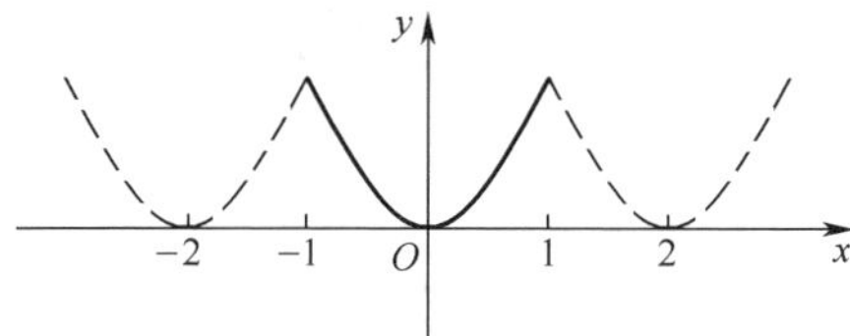

图 11-7

将所求系数代入式（11.32），得 $f(x)$ 的傅里叶级数展开式为

$$f(x)=x^2=\frac{1}{3}+\frac{4}{\pi^2}\sum_{n=1}^{\infty}(-1)^n\frac{\cos n\pi x}{n^2}\quad x\in[-1,1].$$

练习题 11.5

1. 下列函数 $f(x)$ 是周期为 2π 的周期函数，试将 $f(x)$ 展开成傅里叶级数. $f(x)$ 在 $[-\pi,\pi)$ 内的表达式如下.

（1）$f(x)=\begin{cases}\pi, -\pi\leqslant x<0,\\ x,\quad 0\leqslant x<\pi;\end{cases}$

（2）$f(x)=3x^2+1\quad(-\pi\leqslant x<\pi)$.

2. 将下列函数 $f(x)$ 展开成傅里叶级数.

（1）$f(x)=\begin{cases}-1, -\pi\leqslant x<0,\\ 1,\quad 0\leqslant x\leqslant\pi;\end{cases}$

（2）$f(x)=\cos\frac{x}{2}\quad(-\pi\leqslant x\leqslant\pi)$.

3. 将函数 $f(x)=\frac{\pi-x}{2}\quad(0\leqslant x\leqslant\pi)$ 展开成正弦级数.

4. 将函数 $f(x)=x-x^2\quad(0\leqslant x\leqslant\pi)$ 展开成余弦级数.

5. 将函数 $f(x)=\begin{cases}2x+1, -3\leqslant x<0,\\ 1,\quad 0\leqslant x<3\end{cases}$ 展开成傅里叶级数.

习题十一

1. 填空题.

（1）极限 $\lim\limits_{n\to\infty}u_n=0$ 是级数 $\sum\limits_{n=1}^{\infty}u_n$ 收敛的__________条件，而不是它收敛的__________条件.

（2）若级数 $\sum\limits_{n=1}^{\infty}u_n$ 绝对收敛，则级数 $\sum\limits_{n=1}^{\infty}u_n$ 一定__________；若级数 $\sum\limits_{n=1}^{\infty}u_n$ 条件收敛，则级数 $\sum\limits_{n=1}^{\infty}|u_n|$ 一定__________.

（3）对于 p 级数 $\sum\limits_{n=1}^{\infty}\dfrac{1}{n^p}$，当__________时，级数收敛；当__________时，级数发散.

（4）对于等比级数 $\sum\limits_{n=1}^{\infty}aq^n$，当__________时，级数收敛；当__________时，级数发散.

2. 判定下列级数的收敛性.

（1）$\sum\limits_{n=1}^{\infty}\dfrac{(n!)^2}{2n^2}$；　　（2）$\sum\limits_{n=1}^{\infty}\dfrac{2n+1}{n^2(n+2)}$；

（3）$\sum\limits_{n=1}^{\infty}\dfrac{n\sin^2\dfrac{n\pi}{3}}{2^n}$；　　（4）$\sum\limits_{n=1}^{\infty}\left(\dfrac{1}{n+1}\right)^n$.

3. 讨论下列级数的绝对收敛性与条件收敛性.

（1）$\sum\limits_{n=1}^{\infty}(-1)^n\ln\dfrac{n+1}{n}$；　　（2）$\sum\limits_{n=1}^{\infty}(-1)^{n-1}\dfrac{\sin\dfrac{\pi}{n+1}}{\pi^{n+1}}$.

4. 求下列幂级数的收敛域.

（1）$\sum\limits_{n=1}^{\infty}\dfrac{3^n+5^n}{n}x^n$；　　（2）$\sum\limits_{n=1}^{\infty}\dfrac{n}{2^n}x^{2n}$.

5. 求下列幂级数的和函数.

（1）$\sum\limits_{n=1}^{\infty}2nx^{2n-1}$；　　（2）$\sum\limits_{n=1}^{\infty}n(x-1)^n$.

6. 将下列函数展开成 x 的幂级数.

（1）$\ln\dfrac{1-x}{1+x}$；　　（2）$\dfrac{1}{(2-x)^2}$.

7．设 $f(x)$ 是周期为 2π 的函数，它在 $\left[-\pi,\pi\right)$ 上的表达式为 $f(x)=2\sin\dfrac{x}{3}$，将 $f(x)$ 展开成傅里叶级数．

8．将函数

$$f(x)=\begin{cases}1, 0\leqslant x\leqslant h,\\0, h<x\leqslant\pi.\end{cases}$$

分别展开成正弦级数和余弦级数．

第 12 章　数学软件包 Matlab

【学习目标】

- 掌握 Matlab 的基本知识.
- 会用 Matlab 做初等数学和一元函数微积分.
- 了解 Matlab 做多元函数微积分和级数运算的过程.
- 会用 Matlab 绘制简单函数的图形.
- 知道 Matlab 做线性代数运算的简捷和优点.

Matlab 是矩阵实验室（matrix laboratory）的缩写，是由美国 MathWorks 公司开发的集数值计算、符号计算和图形可视化三大基本功能于一体的语言. 现在，Matlab 已发展成为国际上最优秀的科学计算软件之一，也成为线性代数、数值分析、数理统计、优化方法、自动控制、数字信号处理、动态系统仿真等高级课程的基本教学工具. 在我们大学数学的学习过程中，结合 Matlab 软件，做一些复杂的运算、进行简单的编程，在一定程度上弥补了常规数学教学的不足，这也是我们探索数学课程教学改革迈出的一大步.

12.1　Matlab 基本知识

12.1.1　Matlab 的工作界面

假设在 Windows 环境下已经安装好 Matlab，启动 Windows 后，在“开始”菜单的“程序”中单击 Matlab 图标（或双击桌面快捷方式），就启动了 Matlab，在屏幕上显示如图 12-1 所示的主窗口. 在该主窗口中，除了 Windows 应用程序一般具有的菜单和工具栏外，还包括了右边的 Command Window 指令窗口（它是键入指令和显示计算结果的地方）以及左边的其他窗口.

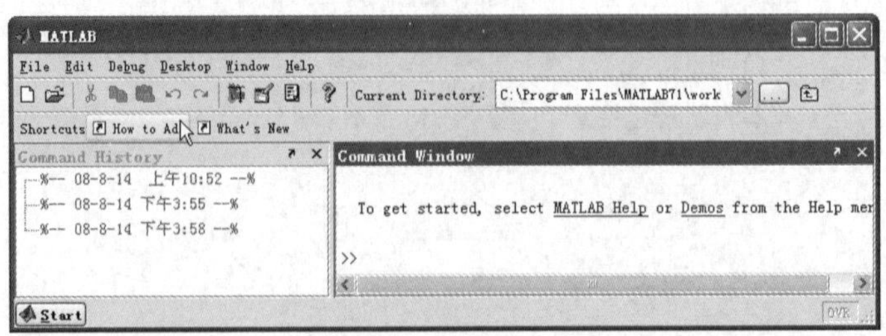

图 12-1

12.1.2 Matlab 初步

1. Matlab 运行方式

（1）命令行方式

在 Command Window 指令窗口提示号“>>”之后输入运算式“238－456”，然后按下 Enter 键，这时系统开始计算，Matlab 会将运算结果直接存入一变量 ans，并显示其数值于屏幕上；再输入表达式，将一个二项式展开．如图 12-2 所示．

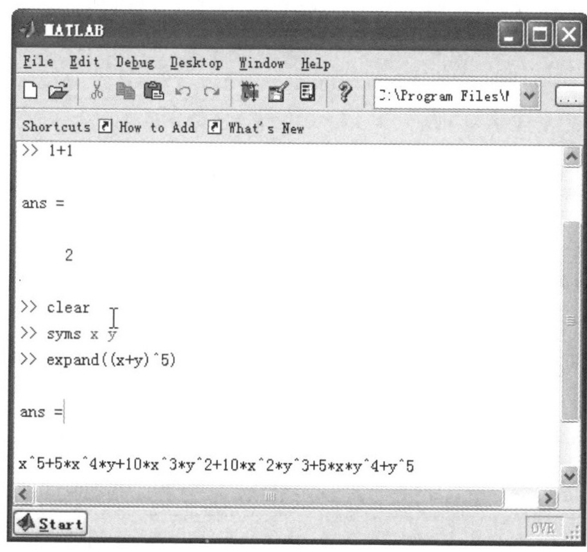

图 12-2

说明：

1）sym 表示创建一个符号变量，syms 表示创建多个符号变量；

2）在计算过程中，为了避免上次定义的变量影响下次的计算，常在程序的开始输入命令“clear”，用来清除内存原来定义的一切变量；

3）Matlab 利用了“↑、↓”两个游标键可以将所下达过的指令重复使用（也可借助于“Window”菜单中的“Command History”）．按下“↑”则前一次指令重新出现，之后再按 Enter 键，即再执行前一次的指令．而“↓”键的功能则是往后执行指令．

（2）M 文件的运行方式

命令行运行方式，在处理比较复杂的问题和大量的数据时是相当困难的．Matlab 提供的解决办法是，先在一个以 m 为扩展名的 M 文件中输入数据和命令，然后再让 Matlab 执行这个文件中的命令．

文件编辑 在 Matlab 窗口中，点击“File→New”，打开 M 文件输入界面，此时屏幕上出现所需的窗口，在该窗口中输入程序文件，可以进行调试和运行．与命令行方式相比，M 文件方式的优点是可以调试，可重复应用.

文件存储 在 Matlab 窗口中，点击“File→Save”，将自己所编写的程序存在一个后缀为.m 的文件中.

文件运行 在 M 文件窗口，点击“Debug→Run”，即可运行此 M 文件. 也可在 Matlab 的 Command Window 指令窗口中输入所要执行的文件名后回车（注：该文件必须在 Matlab 默认的路径下）.

在 Matlab 的 Command Window 窗口，可以用这种交互方式完成各种运算，如函数作图、求极限、解方程等，也可以用它编写像 C 语言那样的结构化程序.

退出工作区 在完成各种计算后，对文件存盘，要退出工作区，可以点击“File→Exit”或直接点击窗口上的“×”按钮.

2. Matlab 变量命名规则

（1）变量名的第一个字符必须是英文字母，长度最多可包含 31 个字符（可以是英文、数字和下划线，但不可以是空格、标点）.

（2）区分大小写字母.

3. Matlab 指令行中常用的标点符号

名称	标点	作用
逗号	,	用作要显示计算结果的指令的“结尾”标志；用作要显示计算结果的指令与其后面指令之间的分隔符号；用作数组元素之间的分隔符
分号	;	用作不要显示计算结果的指令的“结尾”标志；用作不要显示计算结果的指令与其后面指令之间的分隔符号；用作数组的行间分隔符
冒号	:	用以生成一维数值数组；用作单下标引入时，表示全部元素构成的长列；用作多下标引入时，表示所在维上的全部元素
注释号	%	用作对语句的注解
单引号	‘ ’	字符串标记符
方括号	[ ]	输入数组时用
圆括号	( )	在数组引入时用

4. Matlab 的工具箱

功能强大的工具箱是 Matlab 的另一特色. Matlab 包含两个部分：核心部分和各种可选的工具箱. 核心部分中有数百个核心内部函数. 其工具箱又分为两类：功能性工具箱和学科性工具箱. 功能性工具箱主要用来扩充其符号计算功能、图示建模仿真功能、文字处理功能以及与硬件实时交互功能. 功能性工具箱用于多种学科，而学科性工具箱是专业性比较强的，如 control，toolbox，signl proceessing toolbox，commumnication toolbox 等. 用户直接调用工具箱中的函数可以达到事半功倍的效果.

5. Matlab 的在线帮助系统

如果输入了不合语法规则的表达式，系统会显示出错信息，并且不给出计算结果，一个表达式只有准确无误，方能得出正确结果. 学会看系统出错信息能帮助我们较快找出错误，提高工作效率. 在 Matlab 系统中相关的线上(on-line)求助方式有三种：

（1）利用 help 指令，如果已知要找的题材(topic)，可以直接在提示号“>>”之后键入 help <topic>. 所以即使身旁没有使用手册，也可以使用 help 指令查询不熟悉的指令或是题材之用法，例如：>>help sqrt.

（2）利用 lookfor 指令，它可以从你键入的关键字(key-word)（即使这个关键字并不是 Matlab 的指令）列出所有相关的题材，例如：>>lookfor cosine.

（3）利用指令视窗的功能选单中的 Help，从中选取 Table of Contents（目录）或是 Index（索引）.

练习题 12.1

打开 Matlab，练习其使用方法.

12.2 用 Matlab 做初等数学

12.2.1 算术运算

Matlab 为加、减、乘、除、乘方提供的运算符依次为+、−、*、/、^. Matlab 还可以根据要求给出表达式 expr 的值具有任意精度 n 的数值结果，命令为 vpa（expr,n）或 eval（‘expr’）.

例 12.1 求 $r=2$ 的圆的面积.

解 >>r=2；area=pi*r^2　　　　%键入半径和面积

>>area=

12.5664

或 >>r=2；vpa(pi*r^2,3)

ans =

12.6

12.2.2 代数运算

使用 Matlab 可以进行代数运算（即符号运算）.

例 12.2 求 $1^3+2^3+3^3+\cdots+n^3$.

解 >> syms x n

>> symsum(x^3,1,n)

ans =

1/4*(n+1)^4-1/2*(n+1)^3+1/4*(n+1)^2

（2）其他各行为从自变量计算因变量的语句，并最终将结果赋予因变量.

在 Matlab 中自定义函数，如：

例 12.4　已知 $f(x)=3x^2+4x-7$，计算 $f(1)$.

解　首先在 Matlab 命令窗口中新建文件.m（点击 File→New→M-file），输入语句：

```
>>function    y=f(x)
>>y=3*x^2+4*x-7
```

输入完毕，接下来以文件名“f.m”存盘（点击 File→Save），最后在 Command Window 窗口中直接调用.

```
>> y =f(1)
y =
      0
```

12.2.4　解代数方程

Matlab 中有几个很好用的求根命令：

roots(p)　　给出多项式方程的全部根，p 为方程按降幂排列的系数向量

solve(f)　　给出符号方程式的解集

solve(‘f1’,‘f2’,…,‘fn’)　　给出方程组的解集

fzero(fun,x0)　　给出方程在 x_0 附近的零点（若失败给出结果 NaN）

例 12.5　求 $x^3-2x^2+3x-4=0$ 的全部根.

解　

```
>> p=[1   -2   3   -4]; x=roots(p)
x =
    1.6506
    0.1747 + 1.5469i
    0.1747 - 1.5469i
```

练习题 12.2

求 $3x^2+4x-7=0$ 的全部根.

12.3　用 Matlab 做一元函数微分运算

12.3.1　求函数极限

Matlab 中计算一元函数极限的命令是 limit，它的使用方法主要有：

limit(f)　　求 $\lim\limits_{x\to 0} f(x)$

limit(f,x,a)　求 $\lim\limits_{x\to a} f(x)$

limit(f,x,a,'left')　求 $\lim\limits_{x\to a^-} f(x)$

limit(f,x,a,'right')　求 $\lim\limits_{x\to a^+} f(x)$

limit(f,x,inf,'left')　求 $\lim\limits_{x\to -\infty} f(x)$

limit(f,x,inf,'right')　求 $\lim\limits_{x\to +\infty} f(x)$

由于 Matlab 偏重于数值计算，而求极限是一个符号运算的过程，因此在此之前要先赋予命令 syms.

例 12.6　求下列函数的极限.

（1）$\lim\limits_{x\to\infty}\left(1+\dfrac{t}{x}\right)^x$；　　（2）$\lim\limits_{h\to 0}\dfrac{\sin(x-h)-\sin x}{h}$.

解

（1）
```
>> syms n x
>> limit((1+t/x)^x,x,inf)
ans =
exp(t)
```
（2）
```
>> syms x h
>> limit((sin(x-h)-sin(x))/h,h,0)
ans =
-cos(x)
```

12.3.2　求函数的导数

1. 一元函数 $y=f(x)$ 的导数

在 Matlab 中，计算一元函数的导数，调用标准函数 diff. 该函数的常用格式有以下几种：

diff(f)或 diff(f,x)　求 $\dfrac{\mathrm{d}}{\mathrm{d}x}f(x)$

diff(f,2)或 diff(f,x,2)　求 $\dfrac{\mathrm{d}^2}{\mathrm{d}x^2}f(x)$

diff(f,n)或 diff(f,x,n)　求 $\dfrac{\mathrm{d}^n}{\mathrm{d}x^n}f(x)$

例 12.7　求下列函数的导数.

（1）求 $\ln\ln x$ 的一阶导数；　　（2）求 $\mathrm{e}^x\cos x$ 的二阶导数.

解

（1）
```
>> sym x
>> diff(log(log(x)))
```

```
ans =
1/x/log(x)
```

（2）
```
>> sym x
>> f = exp(x)*cos(x);  diff(f,2)
ans =
    -2*exp(x)*sin(x)
```

2. 参数方程所确定函数的导数

对由参数方程$\begin{cases} x = x(t), \\ y = y(t) \end{cases}$确定的函数$y = f(x)$的导数，Matlab 采取定义一个求函数导数的过程去完成这一计算，如：

例 12.8 设$y = f(x)$是由参数方程$\begin{cases} x = 2\cos t, \\ y = 2\sin t \end{cases}$ $(0 \leqslant t \leqslant \pi)$所确定的函数，求$\dfrac{\mathrm{d}y}{\mathrm{d}x}$.

解
```
>> syms x y t a b
>> x=2*cos(t);y=2*sin(t)
>>a=diff(x,t);b=diff(y,t);b/a
ans =
      -cos(t)/sin(t)
```

12.3.3 求函数的极值及最值

Matlab 中，fminbnd 函数用于求一元函数$f(x)$的最小值点，其调用格式为：

x=fminbnd('fun',a,b)　　返回函数 fun 在[a,b]中的最小值点

因为$f(x)$的最大值等于$-f(x)$的最小值，所以 fminbnd 也可用来求最大值.

对于函数的极值，可以先画出函数的图象，借助于图象估计极值点所在的区间，再用 fminbnd.

例 12.9 求函数$f(x) = 2x^3 + 3x^2 - 12x$在$[-3,4]$上的最小值.

解
```
>> syms c d f
>> c=fminbnd('2*x^3+3*x^2-12*x',-3,4);
>> f='2*x^3+3*x^2-12*x';
>> x=c;  d=eval(f)
d =
    -7.0000
```

练习题 12.3

1. 求下列函数的极限.

（1）$\lim\limits_{x\to 0}\dfrac{\sin^2 x}{x^2}$；（2）$\lim\limits_{x\to 0^+}\dfrac{\ln|x|}{x}$；

（3）$\lim\limits_{x\to 0}\dfrac{e^x-1}{x}$.

2．求下列函数的导数.

（1）$y=\cos^2(2x+5)$；（2）$y=\ln[\ln(\ln x)]$；

（3）$y=\dfrac{\sin 2x}{x}$.

12.4 用 Matlab 做一元函数积分运算

12.4.1 求不定积分

在 Matlab 中，计算不定积分调用函数 int，计算结果中不含积分常数．常用的命令有：

int(f)　　相对于缺省的独立变量求积分

int(f,‘s’)　相对于符号变量 s 积分

例 12.10 求下列函数的一个原函数.

（1）$x^{-\frac{1}{2}}+\dfrac{1}{2000}$；（2）$xe^{x^2}$.

解

（1）
```
>> int(x^(-1/2)+1/2000,x)
ans =
        2*x^(1/2)+1/2000*x
```
（2）
```
>> int(x*exp(x^2))
ans =
1/2*exp(x^2)
```

12.4.2 求定积分

定积分的求解主要命令也是用 int，只是要在命令中加入积分限.

命令格式为：int(f,x,a,b).

例 12.11 求下列定积分.

（1）$\int_{-4}^{4}x^2 e^{5x}dx$；（2）$\int_m^n \sqrt{x}dx$.

解

（1）
```
>> int(x^2*exp(5*x),x,-4,4)
ans =
```

```
    362/125*exp(20)-442/125*exp(-20)
```

若想得到其数值解，可引用 vpa 命令.

（2）
```
>> syms x m n
>> int(sqrt(x),x,m,n)
ans =
    2/3*n^(3/2)-2/3*m^(3/2)
```

例 12.12　求 $\frac{\mathrm{d}}{\mathrm{d}x}\int_a^x \sin t^2 \mathrm{d}t$.

解
```
>> syms a t x
>> diff(int(sin(t^2),t,a,x))
ans =
sin(x^2)
```

12.4.3　求广义积分

积分上下限中的 $+\infty$ 、 $-\infty$ 分别用 inf、-inf 表示.

例 12.13　计算下列广义积分.

（1） $\int_1^{+\infty}\frac{1}{x^4}\mathrm{d}x$ ；　　（2） $\int_{-\infty}^0 \mathrm{e}^{3x}\mathrm{d}x$.

解

（1）
```
>> int(1/x^4,x,1,inf)
ans =
1/3
```

（2）
```
>> int(exp(3*x),x,-inf,0)
ans =
1/3
```

12.4.4　求常微分方程（组）的解

常微分方程有时很难求解，Matlab 提供了功能强大的工具，可以帮助求解微分方程. 求常微分方程的解可以调用函数 **dsovle**. 调用格式为：

dsolve('eq1,eq2,…','cond1,cond2,…','v')

上述语句中，(1)eq1，eq2，…代表常微分方程，(注意方程的写法：用字母 Dy 表示 dy/dt，D2y= $\frac{\mathrm{d}^2\mathrm{y}}{\mathrm{dt}^2}$. D 后所跟的字母为因变量, D 后所跟的数字为导数的阶数)；

（2）cond1，cond2，…代表的是初始条件（如果不指出初始条件，则给出通解形式)；

（3）符号变量 v 代表的是函数的自变量（默认缺省变量为 t).

例 12.14 求下列常微分方程的解.

（1）$y' = 2x + y$； （2）$y'' + 2y' + y = 0$；

（3）$y'' = 1 + y', y(0) = 1, y'(0) = 0$.

解

（1）
```
>> dsolve('Dy=2*x+y', 'x')
ans =
-2x-2+exp(x)*C1
```
（2）
```
>> dsolve('D2y+2*Dy+y=0','x')
ans =
C1*exp(-x)+C2*exp(-x)*x
```
（3）
```
>> y= dsolve('D2y=1+Dy','y(0)=1','Dy(0)=0', 'x');
>> simplify(y)                          %简化运算结果
ans =
-x+exp(x)
```

练习题 12.4

1. 计算下列积分.

（1）$\int(1+2x)^{100}\,\mathrm{d}x$； （2）$\int\frac{x}{\sqrt{1+x}}\mathrm{d}x$；

（3）$\int\frac{\mathrm{d}x}{\sqrt{4-x^2}}$； （4）$\int_0^{\frac{\pi}{2}}x^2\sin x\mathrm{d}x$；

（5）$\int_1^{+\infty}\frac{1}{x\sqrt{x}}\mathrm{d}x$.

2. 解下列微分方程.

（1）$y' + 2xy + 2x^3 = 0$； （2）$y'' - 2y' - 3y = 0$；

（3）$y' - y = \cos x, y(0) = 0$.

12.5 用 Matlab 做多元函数微积分运算

12.5.1 求二元函数的极限

Matlab 中求二元函数极限仍用 limit：

limit(limit(f,x,a),y,b) 计算 $\lim\limits_{(x,y)\to(a,b)} f(x,y)$

例 12.15 求 $\lim\limits_{(x,y)\to(0,0)}\frac{xy}{\sqrt{xy+1}-1}$.

解

```
>>syms x y f
>>f='x*y/(sqrt(x*y+1)-1)';
>>limit(limit(f,x,0),y,0)
ans =
2
```

12.5.2 求偏导数与全微分

Matlab 中计算多变量函数的偏导数及全微分的命令，与单变量基本相同.

diff(f,x,n)　　　计算 f 关于 x 的 n 阶偏导数

diff(f,y,n)　　　计算 f 关于 y 的 n 阶偏导数

diff(diff(f,x),y)　　　计算偏导数 $\frac{\partial^2 f}{\partial x\partial y}$

例 12.16　已知 $z=\sin(xy^2)$，求 $\frac{\partial z}{\partial x}$，$\frac{\partial^2 z}{\partial x^2}$，$\frac{\partial^2 z}{\partial x\partial y}$.

解

```
>> syms x y z
>> z='sin(x*y^2)'; diff(z,x)
ans =
cos(x*y^2)*y^2
>> diff(z,x,2)
ans =
-sin(x*y^2)*y^4
>> diff(diff(z,x),y)
ans =
-2*sin(x*y^2)*x*y^3+2*cos(x*y^2)*y
```

12.5.3 求二重积分

多变量函数的积分类似于一元函数的积分，可以利用 int 函数来完成，只是在使用之前要先化成累次积分（极坐标也一样）. 命令如下：

int(int(f,x,a,b),y,c,d)　　　计算重积分 $\int_c^d \mathrm{d}y\int_a^b f(x,y)\mathrm{d}x$

例 12.17　计算下列重积分.

（1）$\int_{-1}^{2}\int_{x^2}^{x+2} 2x^2 y\mathrm{d}y\mathrm{d}x$；　　　（2）$\int_0^a\int_0^{x^2}(x^2+y^2)\mathrm{d}y\mathrm{d}x$.

解

（1）

```
>> syms x y
>> int(int(2*x^2*y,y,x^2,x+2),x,-1,2)
```

```
ans =
531/35
```

（2）
```
>> syms x y a
>> int(int(x^2+y^2,y,0,x^2),x,0,a)
ans =
1/5*a^5+1/21*a^7
```

练习题 12.5

1．已知 $z = x^3 y - 3x^2 y^3$，求其所有二阶偏导数．

2．求二重积分 $\iint\limits_D x\mathrm{d}\sigma$，其中积分区域 D 由 $y = \ln x$ 与直线 $x = \mathrm{e}$ 及 x 轴所围成的区域．

12.6 用 Matlab 做级数运算

12.6.1 求级数的和

Matlab 可以求收敛级数的和，命令如下：

symsum(expr,n0,inf)　　求级数 $\sum\limits_{n=n_0}^{\infty} u_n$ 在收敛域内的和函数

例 12.18 计算下列级数的和函数．

（1）$\sum\limits_{n=1}^{\infty}\dfrac{1}{n^2}$；　　（2）$\sum\limits_{n=0}^{\infty} x^n$ ．

解

（1）
```
>> syms x n
>> symsum(1/n^2,1,inf)
ans =
1/6*pi^2
```

（2）
```
>> symsum(x^n,n,0,inf)
ans =
-1/(x-1)
```

12.6.2 幂级数展开

Matlab 中将函数在指定点展开成泰勒级数的命令为：

taylor(f,n)　　给出函数 f 在点 $x_0 = 0$ 处的 n 阶展开式

taylor(f,n,a)　　给出函数 f 在点 $x_0=a$ 处的泰勒展开式中的前面 n 个非零项

例 12.19　把函数 $f(x)=\mathrm{e}^x$ 展开成 5 阶麦克劳林级数（即 $x_0=0$），在点 $x_0=1$ 展开到前 5 个非零项.

解
```
>> syms x
>> taylor(exp(x),5)
ans =
1+x+1/2*x^2+1/6*x^3+1/24*x^4
>> taylor(exp(x),5,1)
ans =
exp(1)+exp(1)*(x-1)+1/2*exp(1)*(x-1)^2+1/6*exp(1)*(x-1)^3+1/24*exp(1)*
(x-1)^4
```

练习题 12.6

1．计算下列幂级数的和函数.

（1）$\sum_{n=0}^{\infty}\left(\frac{x}{2}\right)^n$；　　（2）$\sum_{n=0}^{\infty}(-1)^n(n+1)x^n$.

2．将函数 $f(x)=\frac{1}{x}$ 展开成 $x-3$ 的前 4 项.

12.7　用 Matlab 绘制函数的图形

12.7.1　绘制二维图形

Matlab 的绘图功能很强，我们先从最简单的二维绘图指令 plot 谈起，但是在使用此函数之前，需先定义曲线上每一点的坐标：

plot(x,y,'s')　　(x,y)可以是点的坐标，也可是参数方程，s 是用来指定线型、色彩的字符参数

fplot('function',limits)　　绘制函数 function 在区间 limits 中的平面图形

polar(thita,rho)　　绘制极坐标曲线

例 12.20　画出 $y=\sin x$ 的图象.

解
```
>>syms x y
>> x=0:0.1:2*pi;                    %设步长为 0.1，默认为 1
>> y=sin(x)；plot(x,y)
```
结果如图 12-3 所示.

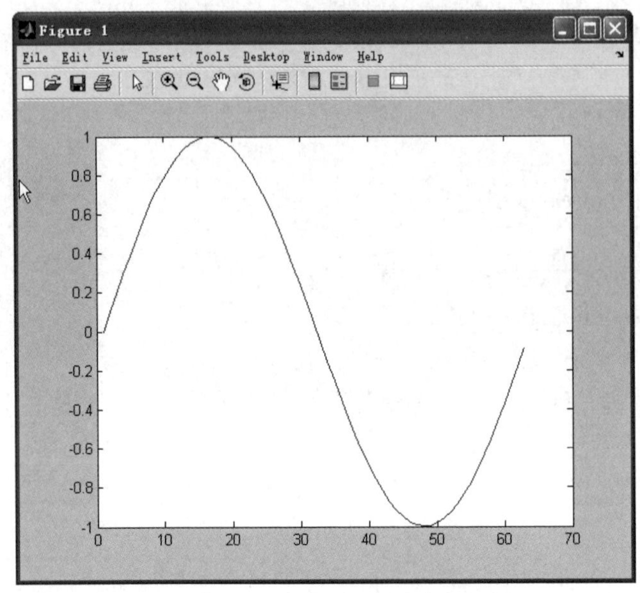

图 12-3

若需画出多条曲线，只需将坐标对依次放入 plot 函数即可．

例 12.21 在同一坐标系中画出函数 $y=\sin x$ 和 $y=x$ 的图象．

解
```
>>syms x y
>>x=0:0.1:2*pi; y=[sin(x);x]; plot(x,y)
```

例 12.22 画出函数 $r=\cos\dfrac{\theta}{3}+2$ 的图象．

解
```
>> syms thita rho
>> thita=0:0.1:4*pi; rho=(cos(thita/3)+2); polar(thita,rho)
```

12.7.2 绘制三维图形

Matlab 中常用的三维绘图函数有 plot3 与 mesh，plot3 是与平面绘图函数 plot 对应的三维绘图函数，所有 plot 的规则和命令同样适用于 plot3．plot3 可画出立体曲面图，mesh 则可画出立体网状图．常用语句介绍如下：

[x,y]=mshgrid(a:c:b)；plot3(x,y,f(x,y))　　绘制以 x 和 y 为变量的二元函数 $z=f(x,y)$ 的图形；

plot3(x(t),y(t),t)　　绘制参数方程 $\begin{cases}x=x(t),\\ y=y(t),\\ z=t.\end{cases}$ 确定的函数的图形；

[x,y]=mshgrid(a:c:b)；mesh(x,y,f(x,y))

例 12.23 绘制函数 $z=\sin(x+y)\cos(x+y)$ 的立体图．

解 >> [x,y]=meshgrid(0:0.01:4);　　　%生成二维阵列

plot3(x,y,sin(x+y)*cos(x+y))

或者[x,y]=meshgrid(0:0.01:4)；z=sin(x+y)*cos(x+y)；mesh(x,y,z)

结果如图 12-4 所示.

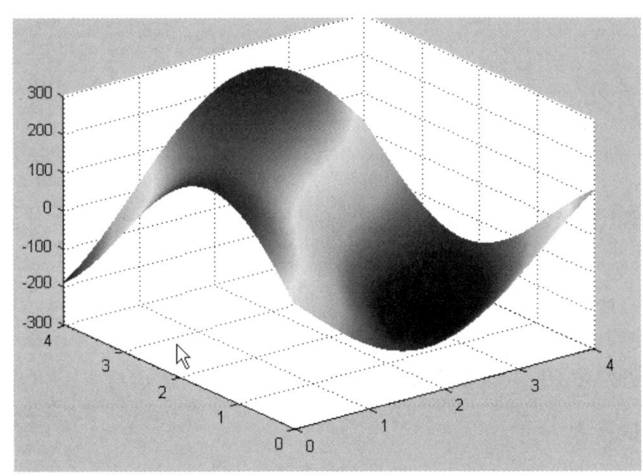

图 12-4

例 12.24 绘制函数$\begin{cases} x = \sin t, \\ y = \cos t, t \in [0,10\pi] \\ z = t. \end{cases}$的图象.

解 >> t=0 : 0.01pi : 10*pi；plot3(sin(t),cos(t),t)

结果如图 12-5 所示.

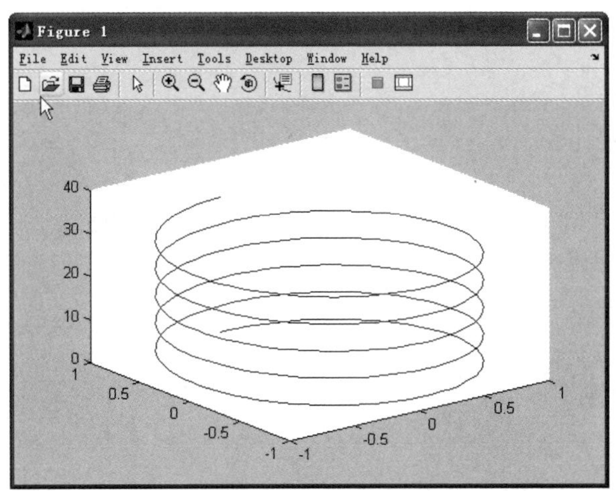

图 12-5

练习题 12.7

1．在同一坐标系中画出函数 $y=\sin x$, $y=\tan x$ 及 $y=x$ 的图象.

2．绘制函数 $z=x^2+y^2$ 的立体图.

3．绘制函数 $\begin{cases} x=2\cos t, \\ y=2\sin t,\ t\in[0,10\pi] \\ z=0.5t. \end{cases}$ 的图象.

12.8 用 Matlab 做线性代数

Matlab 的强大功能是建立在矩阵和向量运算基础上的，而线性代数中的运算占用纸张篇幅较大，反复抄写数字的工作量也较大，使用 Matlab 系统，输入相应的命令，这些问题非常容易得到解决.

12.8.1 向量的运算

Matlab 中向量的加、减、数乘以及点积、叉积等运算命令如下：

a±b　　　向量 $\boldsymbol{a}$ 与 $\boldsymbol{b}$ 的加减法

k*a　　　数量 k 与 $\boldsymbol{a}$ 的乘法

dot(a,b)　　向量 $\boldsymbol{a}$ 与 $\boldsymbol{b}$ 的点积

cross(a,b)　向量 $\boldsymbol{a}$ 与 $\boldsymbol{b}$ 的叉积

例 12.25　已知 $\boldsymbol{a}=\{4,-2,4\}$，$\boldsymbol{b}=\{6,-3,2\}$，试求：$\boldsymbol{a}\pm\boldsymbol{b}$，$2\boldsymbol{a}$，$\boldsymbol{a}\cdot\boldsymbol{b}$，$\boldsymbol{a}\times\boldsymbol{b}$，$|\boldsymbol{a}|$.

解
```
>> syms a  b
>> a=[4 -2 4]; b=[6 -3 2]; a+b
ans =
     10     -5      6
>> a-b
ans =
     -2      1      2
>> 2*a
ans =
      8     -4      8
>> dot(a,b)
ans =
     38
>> cross(a,b)
```

ans =

8 16 0

>> sqrt(dot(a,a)) %求$|a|$

ans =

6

12.8.2 矩阵的运算

Matlab 中若要输入矩阵，则必须在每一行结尾加上分号（;），如下例：

>>A = [1 2 3 4;5 6 7 8;4 3 2 2];

ans =

1 2 3 4

5 6 7 8

4 3 2 2

在 Matlab 中计算矩阵的加减、数乘、乘法、转置矩阵、逆矩阵和矩阵的秩等所使用的函数如下：

A+B 计算两个同型矩阵的和

A−B 计算两个同型矩阵的差

k*A 计算常数 k 乘矩阵 A

A*B 计算两个矩阵的乘积

A' 计算矩阵 A 的转置

inv（A） 计算矩阵 A 的逆矩阵

rank（A） 计算矩阵 A 的秩

注意：如果矩阵大小对于运算不合适，就会出现错误信息.

例 12.26 已知矩阵 $A=\begin{pmatrix}2 & 4\\ -3 & -6\end{pmatrix}$，$B=\begin{pmatrix}-2 & 4\\ 1 & -2\end{pmatrix}$，求 $A+B, A-B, 3A, A^T, AB$.

解 >> A=[2,4;-3,-6]；B=[-2,4;1,-2]；A+B

ans =

0 8

-2 -8

>> A-B

ans =

4 0

-4 -4

>> 3*A

ans =

6 12

-9 -18

```
>> A'
ans =
     2     -3
     4     -6
>> A*B
ans =
     0      0
     0      0
```

用下面的命令创建几个特殊的矩阵：

eye(n)　　　创建一个 n 阶单位矩阵

zeros(m,n)　　创建一个 $m\times n$ 的零矩阵

例 12.27　已知矩阵 $A=\begin{pmatrix}0 & 1 & 1\\ 1 & 1 & 2\\ 2 & -1 & 0\end{pmatrix}$，求 $r(A)$，A^{-1}.

解

```
>> A=[0,1,1;1,1,2;2,-1,0]；rank(A)
ans =
     3
>>inv(A)
ans =
    2.0000    -1.0000     1.0000
    4.0000    -2.0000     1.0000
   -3.0000     2.0000    -1.0000
```

注意：对于任意非奇异的方阵，都可用命令 inv 计算其逆矩阵. 如果 Matlab 拒绝计算一个方阵的逆矩阵，那么这个矩阵一定是奇异的.

12.8.3　解线性方程组

对于线性方程组 $AX=B$ 的解而言，有三种可能的情况，在此只简单介绍系数矩阵是方阵的情形. Matlab 系统用“\”求解线性系统：$X=A\backslash B$. 如果 A 是一个奇异矩阵，则会给出一个错误信息.

例 12.28　求解矩阵方程 $AX=B$，其中：

$$A=\begin{pmatrix}3 & 2\\ 1 & -1\end{pmatrix},\quad B=\begin{pmatrix}-1\\ 1\end{pmatrix}.$$

解

```
>> A=[3 2;1 -1]; B=[-1 1]'; X=A\B
X =
    0.2000
   -0.8000
```

练习题 12.8

1．已知 $\boldsymbol{a}=\{1,-1,2\}$， $\boldsymbol{b}=\{3,3,1\}$，试求 $\boldsymbol{a}\times\boldsymbol{b}$， $(\boldsymbol{a}+\boldsymbol{b})\times\boldsymbol{b}$， $|\boldsymbol{a}\times\boldsymbol{b}|$．

2．已知矩阵 $A=\begin{pmatrix}1 & 0 & 3\\ -3 & 4 & 5\\ 6 & 3 & -2\end{pmatrix}$，$B=\begin{pmatrix}-2 & 3 & 4\\ 1 & -1 & 0\\ 8 & 2 & 5\end{pmatrix}$，求 $A+B, A-B, A^T, AB, A^{-1}$．

3．解线性方程组 $\begin{cases}x_1+3x_2+x_3+2x_4=4,\\ 3x_1+4x_2+2x_3-3x_4=6,\\ -x_1-5x_2+4x_3+x_4=11,\\ 2x_1+7x_2+x_3-6x_4=-5.\end{cases}$

附录 1　数学常用公式

（一）代数

1．绝对值

（1）定义：$|a|=\begin{cases}a, & a\geqslant 0,\\ -a, & a<0;\end{cases}$

（2）性质：$\sqrt{a^2}=|a|,|a|=|-a|$；　$-|a|\leqslant a\leqslant |a|$；

$|ab|=|a||b|$；　$\left|\dfrac{a}{b}\right|=\dfrac{|a|}{|b|}(b\neq 0)$；

$|a|\leqslant b\,(b>0)\Leftrightarrow -b\leqslant a\leqslant b, |a|\geqslant b\,(b>0)\Leftrightarrow a\geqslant b$ 或 $a\leqslant -b$；

$|a|-|b|\leqslant|a\pm b|\leqslant|a|+|b|$．

2．指数

（1）$a^m\cdot a^n=a^{m+n}$；　（2）$\dfrac{a^m}{a^n}=a^{m-n}$；

（3）$(a^m)^n=a^{mn}$；　（4）$(ab)^m=a^m\cdot b^m$；

（5）$\left(\dfrac{a}{b}\right)^m=\dfrac{a^m}{b^m}$；　（6）$a^{\frac{m}{n}}=\sqrt[n]{a^m}$；

（7）$a^{-m}=\dfrac{1}{a^m}$；　（8）$a^0=1\,(a\neq 0)$．

3．对数

设 $a>0,a\neq 1$，则

（1）$\log_a(xy)=\log_a x+\log_a y$；　（2）$\log_a\dfrac{x}{y}=\log_a x-\log_a y$；

（3）$\log_a x^b=b\log_a x$；　（4）$\log_a x=\dfrac{\log_b x}{\log_b a}$；

（5）$a^{\log_a x}=x,\log_a 1=0,\log_a a=1$．

4．二项式定理

$$(a+b)^n=a^n+na^{n-1}b+\cdots+\frac{n(n-1)\cdots(n-k+1)}{k!}a^{n-k}b^k+\cdots+b^n.$$

5．两数 n 次方的和与差

（1）无论 n 为奇数或偶数，$a^n-b^n=(a-b)(a^{n-1}+a^{n-2}b+\cdots+ab^{n-2}+b^{n-1})$；

（2）当n为奇数时，$a^n+b^n=(a+b)(a^{n-1}-a^{n-2}b+a^{n-3}b^2-\cdots-ab^{n-2}+b^{n-1})$.

6．数列的和

（1）$a+aq+aq^2+\cdots+aq^{n-1}=\dfrac{a(1-q^n)}{1-q}(q\neq 1)$；

（2）$1+2+3+\cdots+n=\dfrac{1}{2}n(n+1)$；

（3）$1+3+5+\cdots+(2n-1)=n^2$；

（4）$2+4+6+\cdots+2n=n(n+1)$；

（5）$1^2+2^2+3^2+\cdots+n^2=\dfrac{1}{6}n(n+1)(2n+1)$；

（6）$1^3+2^3+3^3+\cdots+n^3=\left[\dfrac{n(n+1)}{2}\right]^2$.

7．排列数$\mathrm{P}_n^m=n(n-1)(n-2)\cdots(n-m+1)=\dfrac{n!}{(n-m)!}$，其中，

$n!=n(n-1)(n-2)\cdots 2\cdot 1$，$0!=1$.

8．组合数$\mathrm{C}_n^m=\dfrac{\mathrm{P}_n^m}{\mathrm{P}_m^m}=\dfrac{n!}{m!(n-m)!}$.

性质：

（1）$\mathrm{C}_n^m=\mathrm{C}_n^{n-m}$；

（2）$\mathrm{C}_n^m+\mathrm{C}_n^{m-1}=\mathrm{C}_{n+1}^m$.

（二）几何

1．圆

周长$C=2\pi r$，面积$S=\pi r^2$，r为半径.

2．扇形

面积$S=\dfrac{1}{2}r^2\alpha$，α为扇形的圆心角，以弧度为单位，r为半径.

3．平行四边形

面积$S=bh$，b为底长，h为高.

4．梯形

面积$S=\dfrac{1}{2}(a+b)h$，a,b分别为上底和下底的长，h为高.

5．棱柱体

体积$V=Sh$，S为下底面积，h为高.

6．圆柱体

体积$V=\pi r^2h$，侧面积$L=2\pi rh$，r为底面半径，h为高.

7．棱锥体

体积 $V=\frac{1}{3}Sh$，S 为下底面积，h 为高.

8．圆锥体

体积 $V=\frac{1}{3}\pi r^2 h$，侧面积 $L=\pi rl$，r 为底面半径，h 为高，l 为斜高.

9．棱台

体积 $V=\frac{1}{3}h(S_1+\sqrt{S_1S_2}+S_2)$，$S_1,S_2$ 分别为上下底的面积，h 为高.

10．圆台

体积 $V=\frac{1}{3}\pi h(R^2+Rr+r^2)$，侧面积 $S=\pi l(R+r)$，R 与 r 分别为上、下底面半径，h 为高，l 为斜高.

11．球

体积 $V=\frac{4}{3}\pi r^3$，表面积 $L=4\pi r^2$，r 为球的半径.

（三）三角

1．度与弧度

$1^{\circ}=\frac{\pi}{180}\text{rad}$，$1\text{rad}=\frac{180^{\circ}}{\pi}$.

2．基本关系式

$\frac{\sin x}{\cos x}=\tan x,\frac{\cos x}{\sin x}=\cot x$；

$\frac{1}{\sin x}=\csc x,\frac{1}{\cos x}=\sec x,\frac{1}{\tan x}=\cot x$；

$\sin^2 x+\cos^2 x=1,1+\tan^2 x=\sec^2 x,1+\cot^2 x=\csc^2 x.$

3．两角和与差的三角函数

$\sin(x\pm y)=\sin x\cos y\pm\cos x\sin y$；

$\cos(x\pm y)=\cos x\cos y\mp\sin x\sin y$；

$\tan(x\pm y)=\frac{\tan x\pm\tan y}{1\mp\tan x\tan y}.$

4．和差化积公式

$\sin x+\sin y=2\sin\frac{x+y}{2}\cos\frac{x-y}{2}$；

$\sin x-\sin y=2\cos\frac{x+y}{2}\sin\frac{x-y}{2}$；

$$\cos x+\cos y=2\cos\frac{x+y}{2}\cos\frac{x-y}{2};$$

$$\cos x-\cos y=-2\sin\frac{x+y}{2}\sin\frac{x-y}{2}.$$

5．积化和差公式

$$\sin x\cos y=\frac{1}{2}[\sin(x+y)+\sin(x-y)];$$

$$\cos x\sin y=\frac{1}{2}[\sin(x+y)-\sin(x-y)];$$

$$\cos x\cos y=\frac{1}{2}[\cos(x+y)+\cos(x-y)];$$

$$\sin x\sin y=-\frac{1}{2}[\cos(x+y)-\cos(x-y)].$$

6．三角形边角关系

（1）正弦定理 $\dfrac{a}{\sin A}=\dfrac{b}{\sin B}=\dfrac{c}{\sin C}$；

（2）余弦定理

$a^2=b^2+c^2-2bc\cos A$，

$b^2=c^2+a^2-2ac\cos B$，

$c^2=a^2+b^2-2ab\cos C$．

7．三角形面积

$$S=\frac{1}{2}bc\sin A=\frac{1}{2}ca\sin B=\frac{1}{2}ab\sin C;$$

$S=\sqrt{p(p-a)(p-b)(p-c)}$，其中 $p=\dfrac{1}{2}(a+b+c)$．

（四）平面解析几何

1．距离与斜率

（1）两点 $P_1(x_1,y_1)$ 与 $P_2(x_2,y_2)$ 之间的距离 $d=\sqrt{(x_1-x_2)^2+(y_1-y_2)^2}$；

（2）线段 P_1P_2 的斜率 $k=\dfrac{y_2-y_1}{x_2-x_1}$．

2．直线的方程

（1）点斜式 $y-y_1=k(x-x_1)$；

（2）斜截式 $y=kx+b$；

（3）两点式 $\dfrac{y-y_1}{y_2-y_1}=\dfrac{x-x_1}{x_2-x_1}$；

（4）截距式 $\dfrac{x}{a}+\dfrac{y}{b}=1$；

（5）一般式 $Ax+By+C=0\ (A^2+B^2\neq 0)$.

3．两直线的夹角

设两直线的斜率分别为 k_1 和 k_2，夹角为 θ，则 $\tan\theta=\left|\dfrac{k_2-k_1}{1+k_2k_1}\right|$.

4．点到直线的距离

点 $P_1(x_1,y_1)$ 到直线 $Ax+By+C=0$ 的距离 $d=\dfrac{|Ax_1+By_1+C|}{\sqrt{A^2+B^2}}$.

5．直角坐标与极坐标之间的关系

$$x=\rho\cos\theta, y=\rho\sin\theta, \rho=\sqrt{x^2+y^2}, \theta=\arctan\frac{y}{x}.$$

6．圆

方程：$(x-a)^2+(y-b)^2=R^2$，圆心为 (a,b)，半径为 R.

7．抛物线

方程：$y^2=2px$，焦点 $\left(\dfrac{p}{2},0\right)$，准线 $x=-\dfrac{p}{2}$；

方程：$x^2=2py$，焦点 $\left(0,\dfrac{p}{2}\right)$，准线 $y=-\dfrac{p}{2}$；

方程：$y=ax^2+bx+c$，顶点 $\left(-\dfrac{b}{2a},\dfrac{4ac-b^2}{4a}\right)$，对称轴方程 $x=-\dfrac{b}{2a}$.

8．椭圆

方程：$\dfrac{x^2}{a^2}+\dfrac{y^2}{b^2}=1\ (a>b)$，焦点在 x 轴上.

9．双曲线

方程：$\dfrac{x^2}{a^2}-\dfrac{y^2}{b^2}=1$，焦点在 x 轴上.

10．等轴双曲线

方程：$xy=k$.

附录 2　求导常用公式

（一）基本初等函数的公式

（1）$(c)'=0$；

（2）$(x^{\mu})'=\mu x^{\mu-1}$（μ 为实数，$x>0$）；

（3）$(a^x)'=a^x\ln a,(\mathrm{e}^x)'=\mathrm{e}^x$；

（4）$(\log_a x)'=\dfrac{1}{x\ln a}$，$(\ln x)'=\dfrac{1}{x}$；

（5）$(\sin x)'=\cos x$；

（6）$(\cos x)'=-\sin x$；

（7）$(\tan x)'=\sec^2 x$；

（8）$(\cot x)'=-\csc^2 x$；

（9）$(\sec x)'=\sec x\tan x$；

（10）$(\csc x)'=-\csc x\cot x$；

（11）$(\arcsin x)'=\dfrac{1}{\sqrt{1-x^2}}$；

（12）$(\arccos x)'=-\dfrac{1}{\sqrt{1-x^2}}$；

（13）$(\arctan x)'=\dfrac{1}{1+x^2}$；

（14）$(\mathrm{arc}\cot x)'=-\dfrac{1}{1+x^2}$．

（二）函数的和、差、积、商的求导法则

设 $u=u(x)$，$v=v(x)$ 都是可导函数，c 是常数，则

（1）$[u(x)\pm v(x)]'=u'(x)\pm v'(x)$；

（2）$[u(x)v(x)]'=u'(x)v(x)+u(x)v'(x)$，$[cu(x)]'=cu'(x)$；

（3）$\left(\dfrac{u(x)}{v(x)}\right)'=\dfrac{u'(x)v(x)-u(x)v'(x)}{v^2(x)}$（$v(x)\neq 0$）．

（三）复合函数的求导法则

设 $y=f(u)$ 和 $u=u(x)$ 都是可导函数，则复合函数 $y=f[u(x)]$ 的导数为

$$\frac{\mathrm{d}y}{\mathrm{d}x}=\frac{\mathrm{d}y}{\mathrm{d}u}\frac{\mathrm{d}u}{\mathrm{d}x}\quad 或\quad y'_x=y'_u u'_x .$$

（四）反函数的求导法则

设 $x=\varphi(y)$ 单调可导，$y=f(x)$ 是 $x=\varphi(y)$ 的反函数，则

$$f'(x)=\frac{1}{\varphi'(y)}\quad(\varphi'(y)\neq 0)\quad 或\quad \frac{\mathrm{d}y}{\mathrm{d}x}=\frac{1}{\dfrac{\mathrm{d}x}{\mathrm{d}y}}\quad\left(\frac{\mathrm{d}x}{\mathrm{d}y}\neq 0\right).$$

附录 3　积分常用公式

（1）$\int k\mathrm{d}x = kx + C$（$k$ 是常数）；

（2）$\int x^{\mu}\mathrm{d}x = \dfrac{1}{\mu+1}x^{\mu+1} + C \ (\mu \neq -1)$；

（3）$\int \dfrac{1}{x}\mathrm{d}x = \ln|x| + C$；

（4）$\int \mathrm{e}^{x}\mathrm{d}x = \mathrm{e}^{x} + C$；

（5）$\int a^{x}\mathrm{d}x = \dfrac{a^{x}}{\ln a} + C$；

（6）$\int \cos x\mathrm{d}x = \sin x + C$；

（7）$\int \sin x\mathrm{d}x = -\cos x + C$；

（8）$\int \dfrac{1}{\cos^{2}x}\mathrm{d}x = \int \sec^{2}x\mathrm{d}x = \tan x + C$；

（9）$\int \dfrac{1}{\sin^{2}x}\mathrm{d}x = \int \csc^{2}x\mathrm{d}x = -\cot x + C$；

（10）$\int \dfrac{1}{1+x^{2}}\mathrm{d}x = \arctan x + C$；

（11）$\int \dfrac{1}{\sqrt{1-x^{2}}}\mathrm{d}x = \arcsin x + C$；

（12）$\int \sec x\tan x\mathrm{d}x = \sec x + C$；

（13）$\int \csc x\cot x\mathrm{d}x = -\csc x + C$.

（14）$\int \tan x\mathrm{d}x = -\ln|\cos x| + C$；

（15）$\int \cot x\mathrm{d}x = \ln|\sin x| + C$；

（16）$\int \sec x\mathrm{d}x = \ln|\sec x + \tan x| + C$；

（17）$\int \csc x\mathrm{d}x = \ln|\csc x - \cot x| + C$;

（18）$\int \dfrac{1}{a^{2}+x^{2}}\mathrm{d}x = \dfrac{1}{a}\arctan\dfrac{x}{a} + C$；

（19）$\int \dfrac{1}{a^{2}-x^{2}}\mathrm{d}x = \dfrac{1}{2a}\ln\left|\dfrac{a+x}{a-x}\right| + C$；

（20） $\int\frac{dx}{\sqrt{a^2-x^2}}=\arcsin\frac{x}{a}+C$；

（21） $\int\frac{dx}{\sqrt{x^2-a^2}}=\ln|x+\sqrt{x^2-a^2}|+C$；

（22） $\int\frac{dx}{\sqrt{x^2+a^2}}=\ln(x+\sqrt{x^2+a^2})+C$．

练习题、习题参考答案

第 8 章

练习题 8.1

1．略.　　2．$(-2,1,-1)$，$(2,1,-1)$，$(2,-1,-1)$．　　3．$\sqrt{11}$．

4．$(0,2,0)$．　　5．$d=\sqrt{(-3)^2+5^2}=\sqrt{34}$．　　6．$(5,-11,7)$．

7．$\left|\overrightarrow{AB}\right|=\sqrt{6},\ \cos\alpha=-\dfrac{1}{\sqrt{6}},$

$$\cos\beta=\frac{2}{\sqrt{6}},\ \cos\gamma=\frac{-1}{\sqrt{6}},\ \overrightarrow{AB}^0=\left(\frac{-1}{\sqrt{6}},\frac{2}{\sqrt{6}},\frac{-1}{\sqrt{6}}\right).$$

练习题 8.2

1．-4．　　2．$\dfrac{2}{3}\pi$．　　3．略.

4．$2\sqrt{13}$．　　5．-4，$(-7,-9,-4)$，$-\dfrac{2}{3}\sqrt{2}$．

练习题 8.3

1．$x-y+5z-4=0$．　　2．$\dfrac{x-2}{-2}=\dfrac{y-4}{3}=\dfrac{z}{1}$．

3．$x+2y+4z-5=0$．　　4．$\lambda=1$．

5．$2x-z-5=0$．　　6．$\dfrac{1}{2}\sqrt{6}$．

7．$k=1$．　　8．$\dfrac{x}{-2}=\dfrac{y-2}{3}=\dfrac{z-4}{1}$．

9．$\dfrac{x}{-1}=\dfrac{y}{2}=\dfrac{z}{1}$．　　10．$2x+y-3z-13=0$．

11．$x+2y+2z-2=0$．　　12．$\dfrac{x+1}{-4}=\dfrac{y}{2}=\dfrac{z-2}{1}$．

13．$\dfrac{\pi}{4}$．　　14．$\arcsin\dfrac{5}{6}$．

练习题 8.4

1．$(2,1,-1)$，1．

2．$\dfrac{x^2}{a^2}-\dfrac{y^2}{c^2}-\dfrac{z^2}{c^2}=1$．

3．$y^2-6x-10=0$．

4．$(x-3)^2+(y+1)^2+(z-1)^2=21$．

5．（1）椭球面；（2）椭圆抛物面；

（3）旋转双叶双曲面；（4）圆锥面；

（5）双曲柱面；（6）双曲抛物面．

习题八

1．$-1,\ -\dfrac{\sqrt{6}}{6}$．

2．$(1,-5,-3)$．

3．$x-3y-2z=0$．

4．$x+y+z-2=0$．

5．$\dfrac{x}{5}=\dfrac{y-1}{-1}=\dfrac{z-2}{11}$，$\begin{cases}x=5t,\\ y=1-t,\\ z=2+11t.\end{cases}$

6．$x-3y-z+4=0$．

7．$3x-7y+5z-4=0$．

8．$x-3y+z+2=0$．

9．$\dfrac{x}{3}=\dfrac{y-2}{-1}=\dfrac{z-4}{1}$．

10．$\dfrac{\pi}{3}$．

11．0．

12．1．

13．$x+y-3z-4=0$．

14．$x-y+z=1$．

15．$\dfrac{x+1}{3}=\dfrac{y-2}{-1}=\dfrac{z-1}{1}$．

16．$\dfrac{x-3}{-4}=\dfrac{y+2}{2}=\dfrac{z-1}{1}$．

17．球心为$(0,2,1)$，半径为 3 的球面．

18．$\begin{cases}x^2+2y^2-2y=0,\\ z=0.\end{cases}$

19．（1）直线，平面；（2）点，直线；（3）圆，圆柱面．

第 9 章

练习题 9.1

1．（1）$(x+y)^2-\left(\dfrac{y}{x}\right)^2$；（2）$\dfrac{x^2(1-y)}{1+y}$．

2．（1）$\{(x,y)|4x^2+y^2\geqslant 1\}$；（2）$\{(x,y)|xy>0\}$

3．（1）1；（2）$\dfrac{1}{2}$；（3）$\dfrac{1}{2}$；（4）e^3．

4．略．

练习题 9.2

1．0，6．

2．（1）$\frac{\partial z}{\partial x}=y+\frac{1}{y},\frac{\partial z}{\partial y}=x-\frac{x}{y^2}$；

（2）$\frac{\partial z}{\partial x}=\sin(x+y)+x\cos(x+y),\frac{\partial z}{\partial y}=x\cos(x+y)$；

（3）$\frac{\partial z}{\partial x}=\frac{e^y}{y^2},\frac{\partial z}{\partial y}=\frac{xe^y}{y^2}\left(1-\frac{2}{y}\right)$；

（4）$\frac{\partial z}{\partial x}=\frac{2}{y\sin\frac{2x}{y}},\frac{\partial z}{\partial y}=\frac{2x}{y^2\sin\frac{2x}{y}}$；

（5）$\frac{\partial z}{\partial x}=y^2(1+xy)^{y-1},\frac{\partial z}{\partial y}=(1+xy)^y\left[\ln(1+xy)+\frac{xy}{1+xy}\right]$；

（6）$\frac{\partial z}{\partial x}=y\cos xye^{\sin xy},\frac{\partial z}{\partial y}=x\cos xye^{\sin xy}$．

3．略．

练习题 9.3

1．$\Delta V\approx\pi r(2h\mathrm{d}r+r\mathrm{d}h)$．

2．（1）$\mathrm{d}z=\left(y+\frac{1}{y}\right)\mathrm{d}x+\left(x-\frac{x}{y^2}\right)\mathrm{d}y$；

（2）$\mathrm{d}z=-\frac{1}{x^2}e^{\frac{y}{x}}(y\mathrm{d}x-x\mathrm{d}y)$；

（3）$\mathrm{d}z=yx^{y-1}\mathrm{d}x+x^y\ln x\mathrm{d}y$；

（4）$\mathrm{d}z=y\ln y\mathrm{d}x+(x\ln y+x)\mathrm{d}y$．

3．$\Delta z=0.625$； $\mathrm{d}z=0.5$．

练习题 9.4

1．（1）$\frac{\partial z}{\partial x}=2e^{2xy}[y\sin(x^2+y^2)+x\cos(x^2+y^2)]$，

$\frac{\partial z}{\partial y}=2e^{2xy}[x\sin(x^2+y^2)+xy\cos(x^2+y^2)]$；

（2）$\frac{\partial z}{\partial x}=xy^2(x^2+y^2)^{xy^2}\frac{2x}{x^2+y^2}+(x^2+y^2)^{xy^2}\ln(x^2+y^2)\cdot y^2$，

$$\frac{\partial z}{\partial y}=(x^2+y^2)^{xy^2}\left[\frac{2xy^3}{x^2+y^2}+(2xy)\ln(x^2+y^2)\right];$$

（3）$\frac{\partial z}{\partial t}=-e^t-e^{-t}$；　　（4）$\frac{dz}{dt}=\frac{3-12t^2}{\sqrt{1-(3t-4t^3)^2}}$；

（5）$\frac{\partial z}{\partial x}=2(2x+y)^{2x+y}[1+\ln(2x+y)]$，

$\frac{\partial z}{\partial y}=(2x+y)^{2x+y}[1+\ln(2x+y)]$；

（6）$\frac{\partial z}{\partial x}=\sin(x^2+y^2)+2x^2\cos(x^2+y^2)+4x+2xe^{x^2+y^2}$，

$\frac{\partial z}{\partial y}=2xy\cos(x^2+y^2)+2ye^{x^2+y^2}$；

2.（1）$\frac{\partial z}{\partial x}=\frac{\sqrt{xyz}+yz}{xz-2\sqrt{xyz}}$，$\frac{\partial z}{\partial y}=\frac{2\sqrt{xyz}+xz}{xy-2\sqrt{xyz}}$；

（2）$\frac{\partial z}{\partial x}=\frac{yz-e^x}{xy}$，$\frac{\partial z}{\partial y}=\frac{-z}{y}$；

（3）$\frac{\partial z}{\partial x}=\frac{3x^2-4yz}{4xy-2x^3z}$，$\frac{\partial z}{\partial y}=\frac{3y^2-4xz}{4xy-2x^3z}$；

（4）$-\frac{1}{5},-\frac{11}{5}$.

练习题 9.5

1.（1）A B C D；　　（2）A D.

2.（1）极小值 $f\left(-\frac{1}{3},\frac{1}{3}\right)=\frac{7}{9}$；　　（2）极小值 $f(3,2)=36$.

3. 当 $P_1=80,P_2=80$ 时有最大利润 $L=435$.

习题九

1.（1）$\frac{1}{2}(x^2+y^2)$；　　（2）$\frac{1}{2},0$；

（3）$\frac{1}{y}$；　　（4）$6xydx+3x^2dy$；

（5）$-4dx+12dy$；　　（6）$1,0$；

（7）① 2；②3；③12；　　（8）$\frac{(x^2+x-3)e^x}{(x^2+3x)^2}$；

（9）$f\left(-\frac{1}{3},-\frac{1}{3}\right)=\frac{1}{27}$；大；（10）$(-1,0)$．

2.（1）C；（2）B；（3）B；（4）C；（5）B；
（6）D；（7）C；（8）D；（9）C；（10）B；
（11）D；（12）C；（13）A；（14）A；（15）B.

3.（1）$\frac{10}{3}$；（2）$-\frac{1}{4}$；（3）$\frac{\pi}{4}$；（4）3；

4.（1）$\frac{\partial z}{\partial x}=(1-xy)\mathrm{e}^{-xy},\frac{\partial z}{\partial y}=-x^2\mathrm{e}^{-xy}$；

（2）$\frac{\partial z}{\partial x}=\cot(x-2y),\frac{\partial z}{\partial y}=-2\cot(x-2y)$；

（3）$\frac{\partial z}{\partial x}=\frac{yx^{y-1}}{2\sqrt{x^y}(1+x^y)},\frac{\partial z}{\partial y}=\frac{x^y\ln x}{2\sqrt{x^y}(1+x^y)}$；

（4）$\frac{\partial z}{\partial x}=\frac{1}{y}\cos\frac{x}{y}\cos\frac{y}{x}+\frac{y}{x^2}\sin\frac{y}{x}\sin\frac{x}{y},\frac{\partial z}{\partial y}=-\frac{y}{x^2}\cos\frac{x}{y}\cos\frac{y}{x}-\frac{1}{x}\sin\frac{y}{x}\sin\frac{x}{y}$．

5.（1）$\frac{\partial^2 z}{\partial x^2}=-\frac{y}{x^2},\frac{\partial^2 z}{\partial y^2}=-\frac{x}{y^2},\frac{\partial^2 z}{\partial x\partial y}=\frac{x+y}{xy}$；

（2）$\frac{\partial^2 z}{\partial x^2}=2\sin\frac{y}{x}-\frac{y^2}{x^2}\sin\frac{y}{x}-\frac{2y}{x}\cos\frac{y}{x}$,

$\frac{\partial^2 z}{\partial y^2}=-\sin\frac{y}{x},\frac{\partial^2 z}{\partial x\partial y}=\cos\frac{y}{x}+\frac{y}{x}\sin\frac{y}{x}$；

（3）$\frac{\partial^2 z}{\partial x^2}=y\left[\frac{1}{x}+y(1+\ln x)^2\right]x^{xy},\frac{\partial^2 z}{\partial y^2}=x^{xy}(x\ln x)^2$,

$\frac{\partial^2 z}{\partial x\partial y}=(1+\ln x)(1+xy\ln x)x^{xy}$；

（4）$\frac{\partial^2 u}{\partial x^2}=2y,\frac{\partial^2 u}{\partial y^2}=2xz^3,\frac{\partial^2 u}{\partial z^2}=6xy^2z$,

$\frac{\partial^2 u}{\partial x\partial y}=2yz^3+2x,\frac{\partial^2 u}{\partial x\partial z}=3y^2z^3-1,\frac{\partial^2 u}{\partial y\partial z}=6xyz^2$．

6.（1）$\mathrm{d}z=y^{\sin x}\cos x\ln y\mathrm{d}x+y^{\sin x-1}\sin x\mathrm{d}y$；

（2）$\mathrm{d}z=\frac{1}{x+\ln y}\mathrm{d}x+\frac{1}{y(x+\ln y)}\mathrm{d}y$．

7.（1）$\frac{\mathrm{d}z}{\mathrm{d}t}=\frac{2\sin^3 t\cos t-4(1-\mathrm{e}^{2t})^3\mathrm{e}^{2t}}{\sqrt{(\sin t)^4+(1-\mathrm{e}^{2t})^4}}$；

（2）$\frac{\mathrm{d}z}{\mathrm{d}x}=f'_x+\frac{1}{\cos^2 x}f'_y$．

8．$\sqrt{2}, \dfrac{\sqrt{2}}{2}$.

9．$dz=-\dfrac{\sin 2x}{\sin 2z}dx+\dfrac{\sin 2y}{\sin 2z}dy$.

10．略.

11．（1）极大值 $f(2,-2)=8$； （2）极小值 $f\left(\dfrac{1}{2},-1\right)=-\dfrac{e}{2}$.

12．$f(0,0)=2$.

13．$f\left(\dfrac{3}{2},\dfrac{3}{2}\right)=\dfrac{9}{2}$.

14．两直角边都是 $\dfrac{c}{\sqrt{2}}$ 时，周长最大.

15．$\dfrac{\pi\sqrt{6}}{6}$，提示：该椭圆的中心在原点.

16．$a=\dfrac{\sqrt{6}}{2}, b=\dfrac{3\sqrt{2}}{2}$，提示：按题设，函数 $x^2+(y-1)^2$ 在方程 $\dfrac{x^2}{a^2}+\dfrac{y^2}{b^2}=1$ 约束下的最小值为 1，利用此条件首先建立 a 和 b 间应当满足的关系.

17．8.9 元 / kg，9.4 元 / kg.

第 10 章

练习题 10.1

1．$V=\iint\limits_D \sqrt{a^2-x^2-y^2}\,d\sigma, D=\{(x,y)\mid x^2+y^2\leqslant a^2\}$. 2．4.

3．$\dfrac{1}{4}$. 4．$10\leqslant\iint\limits_D(x+3y+5)d\sigma\leqslant 24$.

练习题 10.2

1．（1）$\int_0^1 dy\int_0^y f(x,y)dx$； （2）$\int_1^2 dx\int_x^{2x} f(x,y)dy$.

2．（1）0； （2）$\dfrac{40}{3}$.

3．（1）$\pi(e^4-1)$； （2）$\dfrac{\pi}{6}-\dfrac{2}{9}$.

练习题 10.3

1．$\frac{\pi}{4}$．　　2．$\frac{1}{2}\pi R^4$．　　3．$\sqrt{2}\pi$．　　4．4π．

练习题 10.4

1．（1）$1+\sqrt{2}$；　　（2）$\frac{ab}{3}\cdot\frac{a^2+ab+b^2}{a+b}$；

（3）$\frac{2\sqrt{2}}{3}(b^3-a^3)$．

2．（1）πa^3；　　（2）$\frac{2\pi h}{R}$．

习题十

1．（1）2π；　　（2）4；　　（3）$\frac{1}{3}$；

（4）$\int_0^1 dx\int_x^{\sqrt{x}} f(x,y)dy$；　　（5）$\int_{-\frac{\pi}{2}}^{\frac{\pi}{2}} d\theta\int_0^1 f(r\cos\theta, r\sin\theta)rdr$．

2．（1）A　（2）B　（3）A　（4）C　（5）B.

3．（1）$\frac{3}{4}$；　　（2）$\frac{e}{2}-1$；　　（3）$\frac{64}{15}$．

4．（1）0;　　（2）$\frac{\sqrt{3}}{120}$．

5．$2a^2(\pi-2)$．

第十一章

练习题 11.1

1.（1）$\frac{1+1}{1+1^2}+\frac{1+2}{1+2^2}+\frac{1+3}{1+3^2}+\frac{1+4}{1+4^2}+\frac{1+5}{1+5^2}+\cdots$；

（2）$\frac{1!}{1^1}+\frac{2!}{2^2}+\frac{3!}{3^3}+\frac{4!}{4^4}+\frac{5!}{5^5}+\cdots$．

2．（1）$\frac{1}{2n-1}$；（2）$\frac{x^{\frac{n}{2}}}{2\cdot4\cdot6\cdots(2n)}$；（3）$\frac{2n-1}{n^2+1}$；（4）$(-1)^n\frac{t^{n+1}}{2n+1}$．

3．（1）发散；（2）收敛．

4．（1）收敛, $s=8$；（2）发散；（3）发散；（4）收敛，$s=\frac{2}{3}$．

练习题 11.2

1.（1）收敛；（2）$a>1$ 时收敛，$a\leqslant 1$ 时发散；（3）发散．

2.（1）收敛；（2）收敛；（3）发散．

3.（1）绝对收敛；（2）条件收敛；（3）绝对收敛；

（4）$0<a<1$ 时发散；$a=1$ 时条件收敛；$a>1$ 时绝对收敛．

练习题 11.3

1．（1）$[-1,1]$；（2）$\left[-\frac{1}{3},\frac{1}{3}\right]$；（3）$(-\infty,+\infty)$；

（4）$(-\mathrm{e},\mathrm{e})$；（5）$[-1,1]$；（6）$[2,6)$．

2．（1）$\frac{1}{(1-x)^2}(-1<x<1)$；（2）$-\ln(1+x)(-1<x\leqslant 1)$；

（3）$\frac{1}{2}\ln\frac{1+x}{1-x}(-1<x<1)$．

练习题 11.4

1．（1）$\sum_{n=0}^{\infty}\frac{(\ln a)^n x^n}{n!}(-\infty<x<\infty)$；（2）$\sum_{n=0}^{\infty}\frac{(-1)^n x^n}{n(n-1)}(-1<x\leqslant 1)$；

（3）$\sum_{n=0}^{\infty}\frac{(-1)^{n-1}}{2(2n)!}(2x)^{2n}(-\infty<x<\infty)$；（4）$\sum_{n=0}^{\infty}(-1)^n(n+1)x^n(-1<x<1)$．

2．（1）$f(x)=\sum_{n=0}^{\infty}\frac{(-1)^n}{3^{n+1}}(x-2)^n(-1<x<5)$．

3．$\sin x=\frac{1}{\sqrt{2}}\left[1+\left(x-\frac{\pi}{4}\right)-\frac{\left(x-\frac{\pi}{4}\right)^2}{2!}-\frac{\left(x-\frac{\pi}{4}\right)^3}{3!}+\cdots\right](-\infty<x<+\infty)$．

练习题 11.5

1．（1）$\frac{3}{4}\pi-\frac{2}{\pi}\sum_{n=1}^{\infty}\left[\frac{1}{(2n-1)^2}\cos(2n-1)x-\frac{1}{n}\sin nx\right]$,

$(-\infty<x<+\infty, x\neq n\pi, n=0,\pm 1,\pm 2,\cdots)$；

（2）$f(x)=\pi^2+1+12\sum_{n=0}^{\infty}\frac{(-1)^n}{n^2}\cos nx\ (-\infty<x<+\infty)$．

2.（1）$f(x)=\dfrac{4}{\pi}\sum\limits_{k=1}^{\infty}\dfrac{1}{2k-1}\sin(2k-1)x, x\in(-\pi,0)\cup(0,\pi)$；

（2）$f(x)=\dfrac{2}{\pi}+\dfrac{4}{\pi}\sum\limits_{k=1}^{\infty}\dfrac{(-1)^{n-1}}{4n^2-1}\cos nx, x\in[-\pi,\pi]$.

3. $\dfrac{\pi-x}{2}=\sum\limits_{n=1}^{\infty}\dfrac{1}{n}\sin nx, x\in(0,\pi]$.

4. $x-x^2=\dfrac{1}{2}\left(\pi-\dfrac{2\pi^2}{3}\right)+\dfrac{2}{\pi}\sum\limits_{n=1}^{\infty}\dfrac{1}{n^2}\left[(-1)^n-1+2\pi(-1)^{n+1}\right]\cos nx, x\in\left[0,\pi\right]$.

5. $f(x)=\dfrac{1}{2}+\sum\limits_{k=1}^{\infty}\dfrac{12}{(2k-1)^2\pi^2}\cos\dfrac{(2k-1)\pi x}{3}+\sum\limits_{k=1}^{\infty}\dfrac{6}{n\pi}(-1)^{n+1}\sin\dfrac{n\pi x}{3}, x\in(-3,3)$.

习题十一

1.（1）必要，充分；（2）收敛，发散；

（3）$p>1, p\leqslant 1$；（4）$|q|<1, |q|\geqslant 1$.

2.（1）发散；（2）收敛；

（3）收敛；（4）收敛.

3.（1）条件收敛；（2）绝对收敛.

4.（1）$\left[-\dfrac{1}{5},\dfrac{1}{5}\right)$；（2）$(-\sqrt{2},\sqrt{2})$.

5.（1）$S(x)=\dfrac{2x}{(1-x^2)^2}, x\in(-1,1)$；（2）$S(x)=\dfrac{x-1}{(2-x)^2}, x\in(0,2)$.

6.（1）$\ln\dfrac{1-x}{1+x}=2\sum\limits_{k=1}^{\infty}\dfrac{1}{2n+1}x^{2n+1}, x\in\left[-1,1\right)$；

（2）$\dfrac{1}{(2-x)^2}=\sum\limits_{k=1}^{\infty}\dfrac{n}{2^{n+1}}x^{n-1}, x\in(-2,2)$.

7. $f(x)=\dfrac{18\sqrt{3}}{\pi}\sum\limits_{n=1}^{\infty}(-1)^{n-1}\dfrac{n\sin nx}{9n^2-1}, (-\infty<x<+\infty, x\neq(2n+1)\pi, n=0,\pm1,\pm2,\cdots)$.

8. $f(x)=\dfrac{2}{\pi}\sum\limits_{n=1}^{\infty}\dfrac{1-\cos nh}{n}\sin nx, x\in(0,h)\cup(h,\pi]$；

$f(x)=\dfrac{h}{\pi}+\dfrac{2}{\pi}\sum\limits_{n=1}^{\infty}\dfrac{\sin nh}{n}\cos nx, x\in(0,h)\cup(h,\pi]$.

参考文献

[1] 侯风波．高等数学[M]．北京：高等教育出版社，2001．
[2] 同济大学等．高等数学[M]．北京：高等教育出版社，2004．
[3] 盛祥耀．高等数学[M]．北京：高等教育出版社，2008．
[4] 刘建勇．高等数学[M]．北京：国防科技大学出版社，2008．
[5] 李心灿．高等数学应用 205 例[M]．北京：高等教育出版社，2003．
[6] 陈克东．高等数学[M]．北京：中国铁道出版社．
[7] 方建印．高等数学[M]．上海：华东师范大学出版社．
[8] 吴传生．经济数学[M]．北京：高等教育出版社．
[9] 顾相静．经济数学基础（上、下册）[M]．北京：高等教育出版社．
[10] 刘树利．计算机数学基础[M]．北京：高等教育出版社．
[11] 乔树文．应用经济数学[M]．北京：北京交通大学出版社．
[12] 于峰峰．高等数学（上、下册）[M]．北京：人民邮电出版社，2010．
[13] 王仲英．应用数学[M]．北京：高等教育出版社，2009．
[14] 马元生．线性代数简明教程[M]．北京：科学出版社，2007．
[15] 刘严，丁平．新编高等数学[M]．大连：大连理工大学出版社，2008．
[16] 柳重堪．高等数学[M]．北京：中央广播电视大学出版社，2000．
[17] 王书营．工程应用数学基础[M]．北京：高等教育出版社，2007．